U0733516

二战中的

英军武器

西风 编著

中国市场出版社
China Market Press

图书在版编目（CIP）数据

二战中的英军武器 / 西风编著. —北京：中国市场出版社，2014.1

ISBN 978-7-5092-1083-3

Ⅰ.①二… Ⅱ.①西… Ⅲ.第二次世界大战—武器—介绍—英国 Ⅳ.①E92

中国版本图书馆CIP数据核字（2013）第 118999号

出版发行	中国市场出版社	
社　　址	北京月坛北小街2号院3号楼	邮政编码　100837
电　　话	编 辑 部（010）68034190	读者服务部（010）68022950
	发 行 部（010）68021338　68020340　68053489	
	68024335　68033577　68033539	
	总 编 室（010）68020336	
	盗版举报（010）68020336	
邮　　箱	1252625925@qq.com	
经　　销	新华书店	
印　　刷	北京九歌天成彩色印刷有限公司	
规　　格	170毫米×230毫米　16开本	版　次　2014年1月第 1 版
印　　张	12	印　次　2014年1月第 1 次印刷
字　　数	187千字	定　价　58.00元

版权所有　侵权必究　印装差错　负责调换

目录 CONTENTS

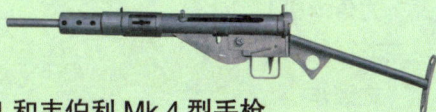

CONTENTS 目录

3 战舰 / 121

目录 CONTENTS

1
轻武器

恩菲尔德 No.2 Mk1 和韦伯利 Mk 4 型手枪

在第一次世界大战期间，英军标准的军用手枪是不同型号的11.6毫米韦伯利左轮手，这种手枪又大又重。

1919年后，英国陆军决定制造一种比韦伯利手枪小一些的手枪。英国希望这种较小口径的手枪能够发射较重的口径为9.65毫米的子弹。这样一来，这种手枪和较大口径的手枪的作战效果相差无几，而且更易于操作，无须花费太多的训练时间。结果，韦伯利和斯科特公司被英国武器部队选中，成为这种新式手枪的正式生产商。该公司对它的11.6毫米左轮手枪进行了改进，体积缩小后，就把样品送给了英国军方。

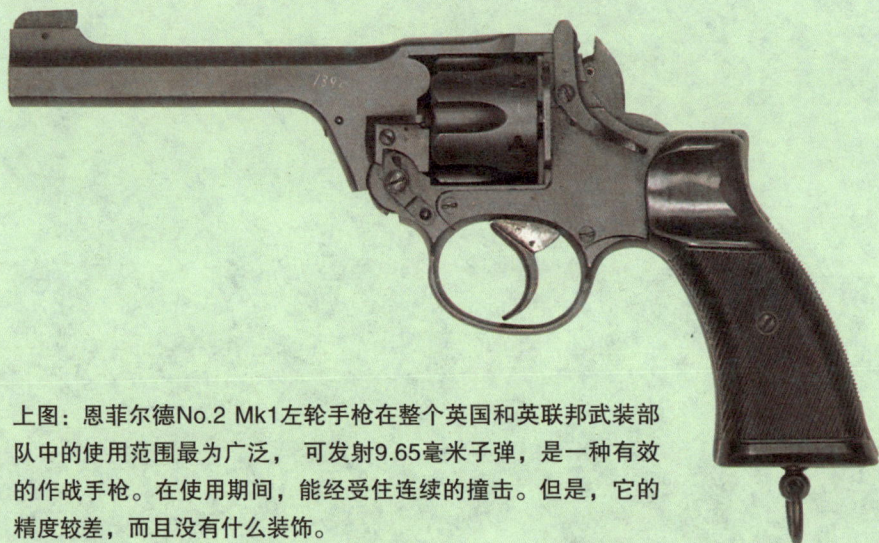

上图：恩菲尔德No.2 Mk1左轮手枪在整个英国和英联邦武装部队中的使用范围最为广泛，可发射9.65毫米子弹，是一种有效的作战手枪。在使用期间，能经受住连续的撞击。但是，它的精度较差，而且没有什么装饰。

恩菲尔德 No.2 Mk1

口径：9.65毫米（SAA子弹）　　重量：0.767千克　　枪长：260毫米　　枪管长：127毫米
子弹初速：183米／秒　　弹膛容量：6发子弹

令韦伯利和斯科特公司气愤的是英国军方只接受了该公司的设计，做了较小改动后，就作为"正式"的政府设计，在米德尔塞克斯郡恩菲尔德·勒克皇家轻武器工厂投入生产。韦伯利和斯科特公司虽然对此事颇有抱怨，不过，最终还是把它的9.65毫米左轮手枪投入市场。这种手枪在世界上被称为韦伯利 Mk 4型手枪，销量有限。

恩菲尔德手枪被称为No.2 Mk 1手枪。在军中，事实证明该枪设计合理，效果不错。然而，在此期间，机械化理论的发展极快，这意味着多数No.2 Mk I手枪都要配给坦克乘员和其他机械化部队。不幸的是，他们很快发现这种手枪的击锤凸栓太长，容易碰撞到坦克和其他装甲车辆内部的零部件。这样，恩菲尔德手枪不得不进行重新设计，击锤凸栓被全部取消。并且，为了便于射击，扳机设置也变轻了，仅作为连发式手枪使用。这样一来，这种手枪就变成了No.2 Mk 1*型。并且，当时的Mk 1手枪按照这种标准都进行了改进。连发式手枪只有在最小的

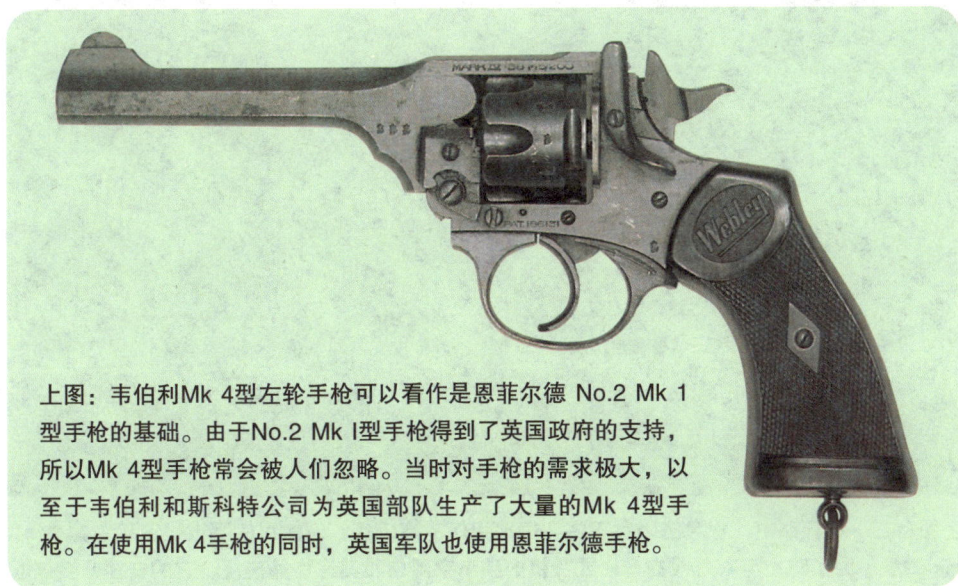

上图：韦伯利Mk 4型左轮手枪可以看作是恩菲尔德 No.2 Mk 1型手枪的基础。由于No.2 Mk I型手枪得到了英国政府的支持，所以Mk 4型手枪常会被人们忽略。当时对手枪的需求极大，以至于韦伯利和斯科特公司为英国部队生产了大量的Mk 4型手枪。在使用Mk 4手枪的同时，英国军队也使用恩菲尔德手枪。

韦伯利 Mk 4 型手枪

口径：9.65毫米（SAA子弹）　　重量：0.767千克　　枪长：267毫米　　枪管长：127毫米
子弹初速：183米／秒　　弹膛容量：6发子弹

射程内射击时才比较精确，射程稍远，射击的精度就不易控制，不过那已无关紧要了。

这两种手枪在1939—1945年期间的使用量极大，虽然恩菲尔德左轮手枪（也就是No.2 Mk 1*手枪，为了适应战时的生产需要，作为权宜之计，它的击锤凸栓被取消了）是正式的标准手枪，但韦伯利MK 4手枪在英国及英联邦军队中的使用范围更为广泛。这两种手枪直到20世纪60年代还在使用，并且，作为军用手枪，甚至在20世纪80年代仍能看到它们的身影。

上图：在一次行动中，一名空降兵正站在房顶担任警戒任务。他使用的手枪是恩菲尔德 No.2 Mk 1*型。为了防止与衣服或在车辆或飞机的狭小空间内和其他物品碰撞，它的击锤凸栓被取消了。担任滑翔机飞行员的空降兵配备了这种手枪。

司登冲锋枪

1940年6月，敦刻尔克大撤退之后，为了尽快把英军武装起来，英国军方发出紧急通知，要求研制出一种能大规模生产的简易冲锋枪。这种简易冲锋枪以德国MP38冲锋枪的设计原理为模式。在短短数周内，就制造出了样品。

司登冲锋枪的第一种型号为司登Mk 1。这种冲锋枪一定会被视为冲锋枪设计以来最为丑陋的枪支之一。按照计划，这种枪要使用最简单的工具，花费最少的加工时间，尽可能迅速和廉价地投入生产，并且要尽可能使用钢管、冲压板、易于生产的焊接部件以及撞针和闭锁等。它的枪机是用钢管制成的，枪托为钢质结构。枪管由弯曲的钢管制成，带有两条或六条膛线凹槽槽沟，简单地切开了事。弹匣用钢板制成，扳机设置位于木制枪托内部。它有一个较小的前置式木制枪把和一个简化的闪光遮蔽器。

司登Mk I冲锋枪大约生产了10万支，并且在数月内就送到了英军手中。到1941年时，全金属结构的司登Mk II冲锋枪投入了生产。它比前者还要简单，但

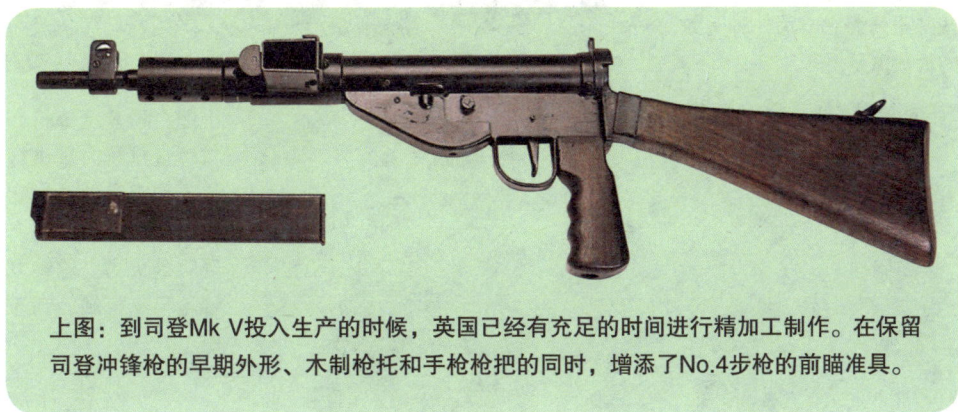

上图：到司登Mk V投入生产的时候，英国已经有充足的时间进行精加工制作。在保留司登冲锋枪的早期外形、木制枪托和手枪枪把的同时，增添了No.4步枪的前瞄准具。

司登冲锋枪

口径：9毫米（帕拉贝鲁姆子弹）　　重量：3.7千克（装弹后）　　枪全长：762毫米
枪管长：197毫米　　射速：550发子弹／分钟　　子弹初速：365米／秒
弹匣：可装32发子弹的盒式弹匣

上图：这可能是法国抵抗力量在战斗中（1944年）拍摄的照片。图中有两支司登冲锋枪和一支霰弹枪。这两种武器都是法国抵抗力量常用的武器。

下图：斯坦冲锋枪几乎为所有人瞧不起，甚至连使用它的人也对其嗤之以鼻，但这些并不妨碍它成为一种有效的近战武器。

上图：司登冲锋枪非常适合抵抗力量进行伏击和突袭活动。它可以使游击队拥有更强的火力。这种冲锋枪易于拆卸，利于隐藏。

右图：司登冲锋枪是英国新成立的空降部队装备最早的武器之一。图中的司登冲锋枪非同寻常，带有一个较小的锥形刺刀。

一经问世，却被视为司登冲锋枪中的“经典”。这种枪的所有部件都是用金属制成的。扳机装置上面的木制枪托不见了，取而代之的是一个简单的钢板盒。枪托尾部是一个单管，管底部有一个平底的托板。重新设计的枪管可以用螺丝固定或松动，以便于枪管改换。弹匣槽（盒式弹匣向左突出）被设计为一个独立的部件，可向下旋转。卸下弹匣，可清理里面的泥土和脏物。为了便于闭锁装置的拆卸和弹簧的清理，枪托拆卸非常容易。

武器拆卸后，占用的空间很小。并且，事实证明这是司登冲锋枪的最大优势。由于建立了几条生产线，包括在加拿大和新西兰建立的生产线，英国军队最初的武器需求得到了满足。但司登冲锋枪仍在大规模生产，并被空投到欧洲占领区，供抵抗力量使用。事实证明，司登冲锋枪的最大优点是简单和易于拆卸。

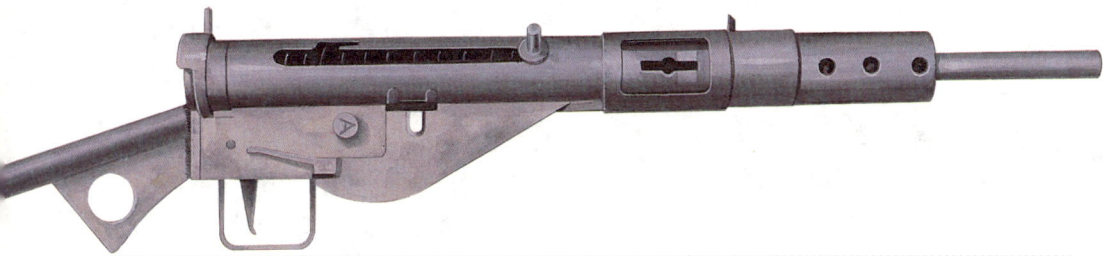

司登 Mk Ⅱ 型冲锋枪

口径：9毫米　　重量：2.95千克　　全枪长：762毫米

枪管长：197毫米　　有效射程：70米)　　制动方式：后坐力制动

射速：550发/分钟　　子弹初速：396米/秒　　原产国：英国

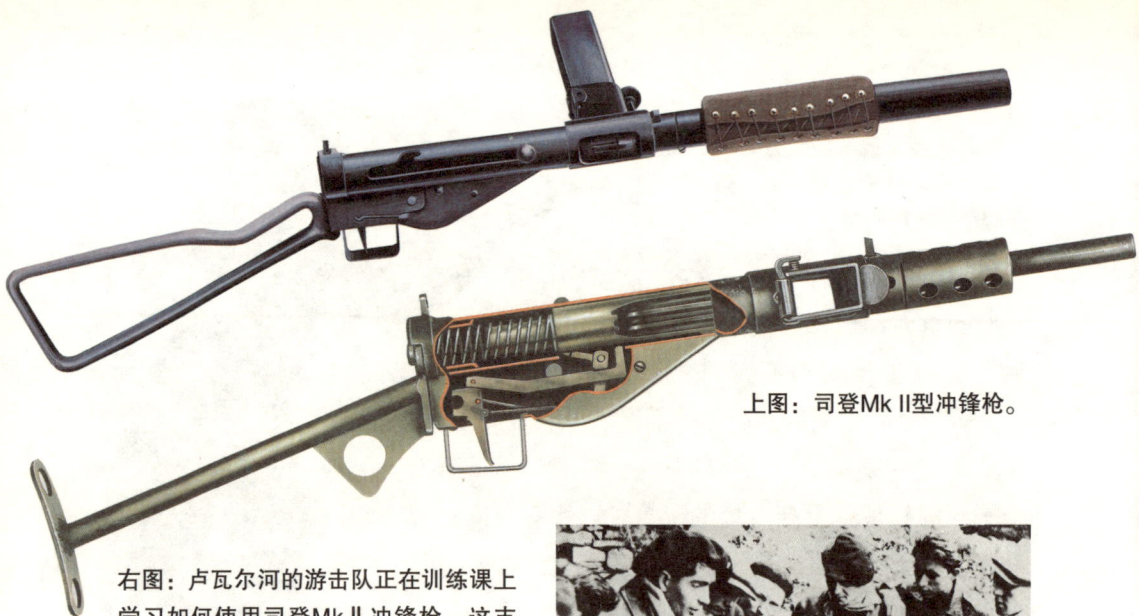

上图：司登Mk II型冲锋枪。

右图：卢瓦尔河的游击队正在训练课上学习如何使用司登Mk II冲锋枪。这支司登冲锋枪的枪托为钢制品，其形状和常见的T形枪托不同。这两种类型的枪托都很容易拆卸。

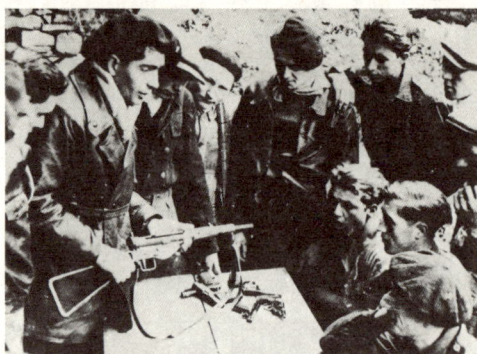

上图：司登Mk II型冲锋枪看起来既粗糙又廉价，事实也是如此，但是这种武器在第二次世界大战中被大量地生产。

上图：图中为地中海战区街头巷战的情景。为了提高司登冲锋枪的操纵能力，司登冲锋枪一般都增添了前置式枪把。这支司登冲锋枪（见图中）使用的是不标准的前置式枪把。

司登 Mk IIS 型冲锋枪

口径：9毫米　　重量：3.5千克　　全枪长：908毫米

枪管长：89毫米　　有效射程：30米　　制动方式：后坐力制动

射速：450发/分钟　　子弹初速：305米/秒　　原产国：英国

No.4 Mk I 步枪

第一批No.4 Mk I步枪于1940年下半年装备英国部队，并随后成为No.1 Mk Ⅲ步枪的替代性步枪。No.4 Mk Ⅰ步枪和No.1 Mk Ⅲ步枪在许多地方都有所区别：No.4 Mk Ⅰ步枪的枪管较重，这样可提高射击的精度；枪口从前置式枪托处向前突出，非常容易和其他步枪分别出来；瞄准具向后移到了套筒座的上面，这样更易于使用。另外，它有一个用于远距离瞄准的底座，可以帮助提高射击的精度。

英国的标准狙击步枪是No.4 Mk1，在其左侧加上一个可拆卸的32号望远瞄准镜，并在枪托上加一个木制椭圆断面加强板，以便抬高枪托棱部，使枪手的眼睛与瞄准镜的接目镜在一条直线上。虽然有了这种装置，在紧急情况下也可以使用金属瞄准镜，还可以采用弹夹装弹。

32号瞄准镜的放大倍数为3.5倍，非常坚固耐用，因为它原本是为布朗式轻

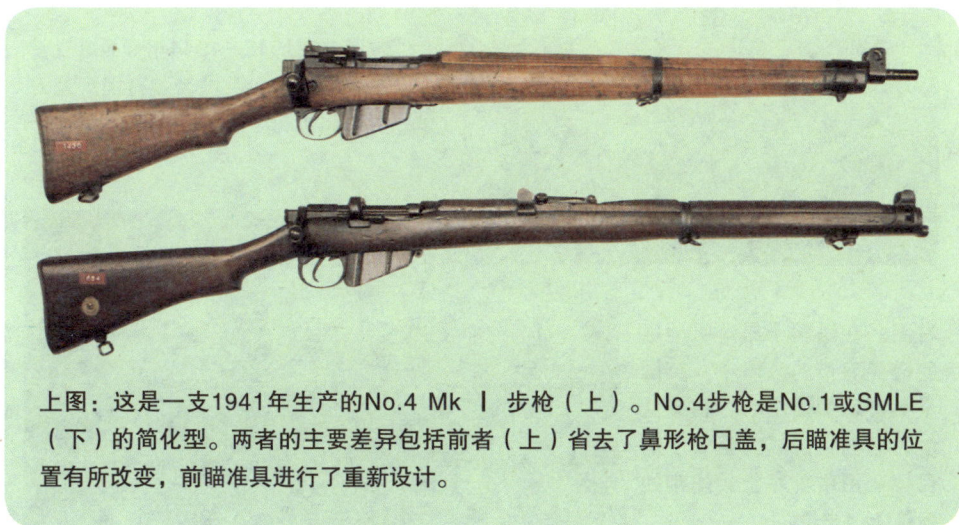

上图：这是一支1941年生产的No.4 Mk Ⅰ 步枪（上）。No.4步枪是No.1或SMLE（下）的简化型。两者的主要差异包括前者（上）省去了鼻形枪口盖，后瞄准具的位置有所改变，前瞄准具进行了重新设计。

No.4 Mk I 步枪

口径：7.7毫米 　　重量：4.14千克 　　枪全长：1129毫米 　　枪管长：640毫米
子弹初速：751米／秒 　　弹匣：可装10发子弹的盒式弹匣

上图：英军廓尔喀兵团的士兵在缅甸的丛林中发动袭击前听一名军官介绍情况。他们携带的就是No.4步枪。相对于身材矮小的廓尔喀人来说，这种步枪显得有点大，并且在丛林战中使用时有些笨拙，不太方便。

机枪而特地制作的。它有一个直径为1英寸的铜管，其长度为11英寸，加上钢铁固定件重量超过2.5磅。早期的型号上有一个高度调节塔，刻度从0到1000码，增量为50码。后期(1943年后)的型号安装有分角(MOA)调节器，同时，风偏调节塔在任意方向上都可以达到16分角。标线模式为一条粗的竖线到达十字刻线的中间(从底部往上)，一条细的水平线横穿整个瞄准像。

左图：在1943—1944年卡西诺战役中，新西兰步兵携带装有固定刺刀的No.1步枪冲进楼房。

右图：在法国卡昂哗叽地区的诺曼底市的废墟中，英国步兵必须加倍小心。在废墟中，他们可能成为狙击手的目标。图中英军士兵携带的就是No.4步枪。

上图：配备32号瞄准镜的李–恩菲尔德No.4 MkI(T)狙击步枪。

上图：可以清楚地看到瞄准镜的高低和风偏调整旋钮。

上图：英军的狙击手，在法国的某个地方搜寻德军狙击手。

左图：展示瞄准镜的步枪左侧。

左下图：可以轻易地将瞄准镜从步枪上拆卸下来，然后将其存放在小提箱中。

下图：移去了瞄准镜的步枪左侧，可以清楚地看到安装基座和接收器。

右图：32号3.5倍瞄准镜及步枪枪击特写镜头。

右下图：与同时代的狙击步枪相比，李–恩菲尔德 4MkI(T)步枪的独到之处在于枪托上契合一副特殊的椭圆增强板，有助于提高枪手与瞄准镜之间的视线。

下图：从步枪上拆卸掉瞄准镜，可以看到快拆装置。

No.5 Mk I 步枪

到1943年的时候，战斗在缅甸丛林和其他远东地区的英国和英联邦的军队对又长又笨重的No.1和No.4步枪非常不适应。1944年9月，英国批准生产新式的No.5 Mk I步枪。和No.4 Mk I步枪相比，除了枪管、枪托和瞄准具作了改进外，还有两处和它的短枪管有关的改动：一个是圆锥形的枪口附加装置，这个装置起到了消焰罩的作用；另一个是枪托处的橡皮衬垫。No.5 Mk I步枪的枪管缩短了，并且为了适应新的枪管，它的前置式枪托也进行了改进。这种短枪管步枪的瞄准具经过改进可以发现射程内的目标。

上图：专门为丛林战而研制的No.5步枪。由于其后坐力太大，所以取得的成就受到了限制。在第二次世界大战末期，英国军队在肯尼亚和马来西亚（如图）都使用过这种步枪。

No.5 Mk I 步枪

口径：7.7毫米　　重量：3.25千克　　枪全长：1003毫米　　枪管长：476毫米
子弹初速：大约730米／秒　　弹匣：可装10发子弹的盒式弹匣

维克斯机枪

维克斯系列机枪源自19世纪末的马克西姆机枪，除了维克斯机枪逆向使用了马克西姆机枪的闭锁开关设计外，其他方面都没有太大变化。维克斯Mk 1机枪在第一次世界大战中发挥了重要作用，各种表现几乎都超过了同时代的机枪。

然而，在1939年之前，维克斯机枪使用了创新性设计。坦克的出现全面改变了维克斯机枪的设计，英国需要装备新式的战斗机枪。1939年，维克斯公司生产出两种特殊的坦克专用机枪。

这些坦克专用机枪有两种口径：口径为7.7毫米的维克斯 Mks 4B、6、6*和7

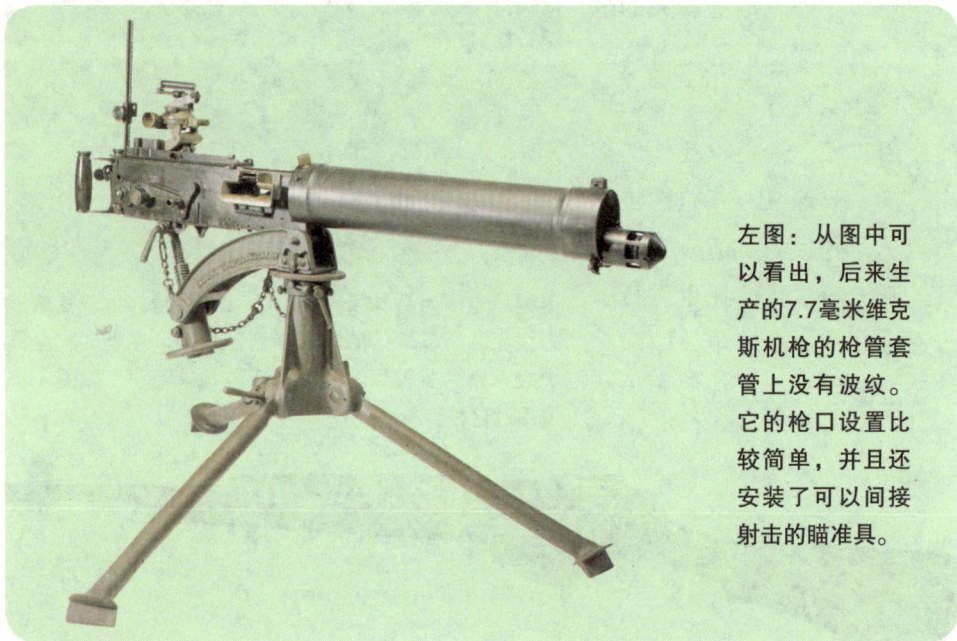

左图：从图中可以看出，后来生产的7.7毫米维克斯机枪的枪管套管上没有波纹。它的枪口设置比较简单，并且还安装了可以间接射击的瞄准具。

维克斯机枪

口径：7.7毫米　　重量：18.1千克（枪带水）；22千克（三脚架）　　枪全长：1156毫米
枪管长：721毫米　　子弹初速：744米／秒　　射速：450~500发子弹／分钟
供弹：可装250发子弹的子弹带（棉布制成）

机枪；口径为12.7毫米，可以发射特殊子弹的维克斯Mks 4和5机枪。开始时，这两种机枪可应用于各类坦克，但是自从多数重型坦克使用"贝萨"空气冷却式机枪后，这两种维克斯机枪只能安装在轻型坦克或类似于马蒂尔达1和2之类的步兵坦克上。另外，该公司还为英国皇家海军生产了维克斯Mk 3机枪。这种机枪的口径为12.7毫米，有各种类型和支架，可以安装在舰船和海岸基地上，防御来自空中的威胁。舰船上使用的支架包括四重支架。由于这种机枪使用的子弹威力较小，所以防空效果不佳。然而，当时又别无选择，这种机枪仍然大批量投入了生产，后来被口径为20毫米的加农炮和其他类似的武器取代。

1939年，英国军队仍然有大量的维克斯机枪。到1940时，为了加强英国本土的防御力量，肩负起保卫英国的重任，许多库存的包括紧急防空使用的各种支架在内的旧式机枪也被从仓库中取了出来；而且，这些旧式机枪被迅速地大规模投入了生产。英军对武器的需求非常急迫，因为敦刻尔克大撤退之前或期间，英国陆军的大多数军用仓库已经空空如也，所以必须采取快速生产的捷径。最明显的就是使用比较简单的平滑套管取代围绕在枪管周围的波纹状水冷浸套管。接着

上图：图中的机枪不是普通的7.7毫米维克斯机枪。这是一支口径为12.7毫米的重型机枪。这种机枪最初供轻型坦克使用。

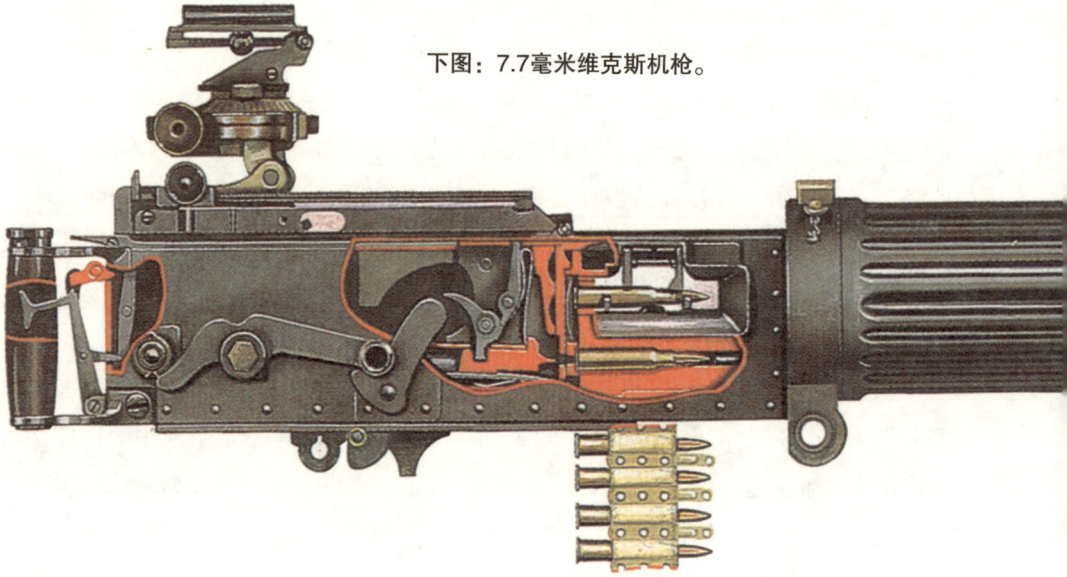

下图：7.7毫米维克斯机枪。

上图：大约在1940年，柴郡团的士兵正在使用他们的维克斯机枪射击。注意所使用的水罐可以防止加入枪管套管中的水流出。

又使用了一种新式的枪口助推设置。到1943年时，英国军队已经开始使用新式的 Mk 8Z船尾状子弹。这种子弹的有效射程可达4 115米。这样，只要把迫击炮的瞄准具安装在维克斯机枪上，这种机枪就具备了间接射击能力。

第二次世界大战后，许多国家的军队，如印度和巴基斯坦，都使用过维克斯机枪。英国陆军在1968年才淘汰这种武器。英国皇家海军陆战队直到20世纪70年代还在使用这种武器。

上图：维克斯级机枪。

布伦轻型机枪

布伦机枪是从捷克斯洛伐克的ZB vz26轻型机枪演化而来的，但是在研制过程中，它综合了英国和捷克的技术。虽然vz27轻型机枪使用7.92毫米子弹，但是英国却想继续使用自己的7.7毫米子弹。这种子弹使用的是已经过时的无烟火药推进剂和笨拙的有缘式弹壳。

英国开始试验性使用的机枪是vz27，接下来是vz30，然后是临时性的vz32，最后是vz33机枪，在这些机枪的基础上，英国恩菲尔德·洛克皇家轻武器厂生产出了布伦机枪。1937年，经过加工，最终生产出了第一支布伦Mk 1机枪。后来，恩菲尔德和其他地方继续生产这种机枪，直到1945年才停止生产。

为了加快布伦机枪的生产，英国对最初的设计进行了改进，并且建立了

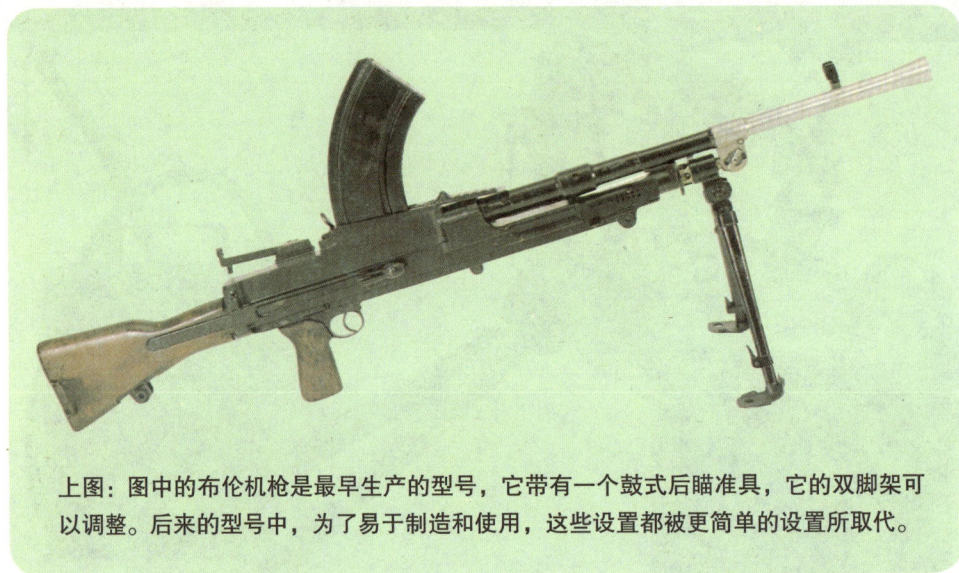

上图：图中的布伦机枪是最早生产的型号，它带有一个鼓式后瞄准具，它的双脚架可以调整。后来的型号中，为了易于制造和使用，这些设置都被更简单的设置所取代。

布伦 Mk 1 轻型机枪

口径：7.7毫米　　重量：10.03千克　　枪长：1156毫米　　枪管：635毫米
子弹初速：744米／秒　　射速：500发子弹／分钟　　供弹：可装20发子弹的弯曲状盒式弹匣

新的生产线。英国保留了最初ZB机枪设计中的气动操作装置、闭锁装置系统和它的基本形状。但是，复杂的鼓式瞄准具和枪托下面的柄手之类的附属设置都经过了简化，这样就生产出了布伦Mk 2机枪。它的双脚架变得更加简单，但7.7毫米布伦机枪使用的弯曲状盒式弹匣却保留下来。经过进一步简化，英国还生产出了使用短型枪管的布伦Mk 3机枪和使用改进型枪托的布伦Mk 4机枪，并且，在加拿大制造的机枪中，还出现了一种口径为7.92毫米的布伦机枪。

布伦机枪非常出色，它结实耐用，性能可靠，易于操作和维修，重量较轻。当时它使用了一整套的支架和附属设置，包括一些相当复杂的防空型支架。虽然英国研制出了可装200发子弹的鼓式弹匣，却极少使用。英国还研制出各种可以安装在车辆上的支架。布伦机枪要比它的所有附属设置的寿命长多了。

上图：借助棕榈树的掩护和一辆"斯图亚特"轻型坦克的支援，澳大利亚士兵向日本在新几内亚的一个战略要地发起猛攻。前面的士兵使用的就是布伦轻型机枪。

右图及下图：布伦Mk 2型机枪的精巧结构剖面图，可以清楚地看到该枪的每一个部件。

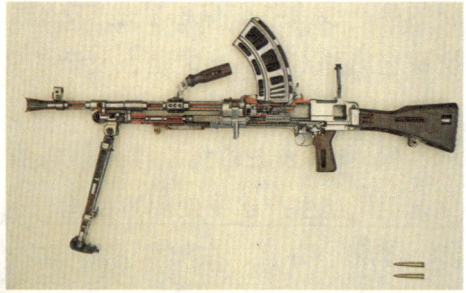

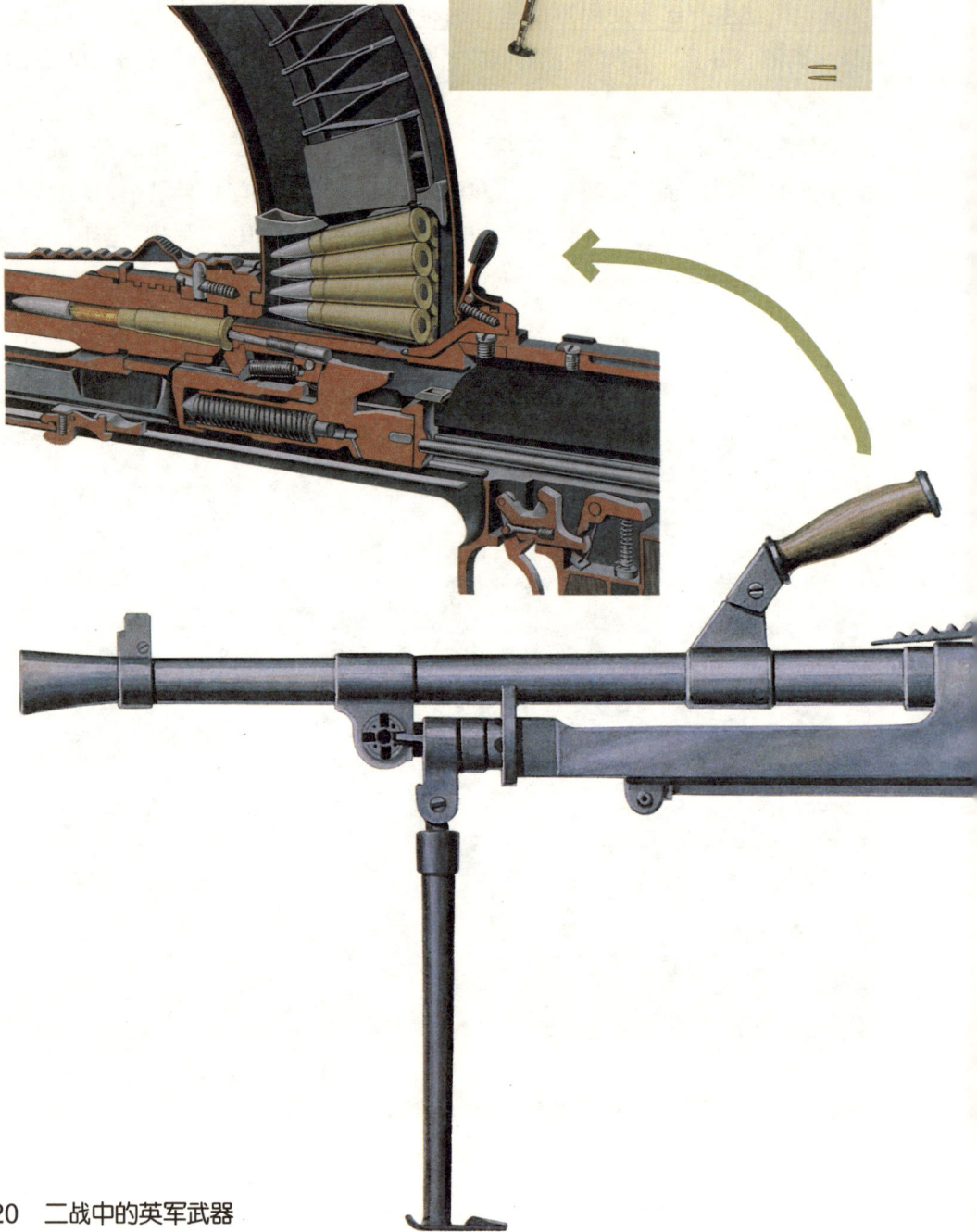

右图：第二次世界大战中最好的轻机枪是英国造的布伦机枪，这种机枪是捷克造的ZB26的改进型，图中所示的机枪是布伦1型机枪，1944年德汉姆轻步兵团就装备有此种机枪。

布伦 Mk 1 型机枪

口径：0.303英寸
全枪长：1150毫米
有效射程：1006米
射速：500发/分钟
原产国：英国

重量：10.23千克
枪管长：635毫米
构造：弹匣供弹，气体制动，空气制冷
子弹初速：732米/秒

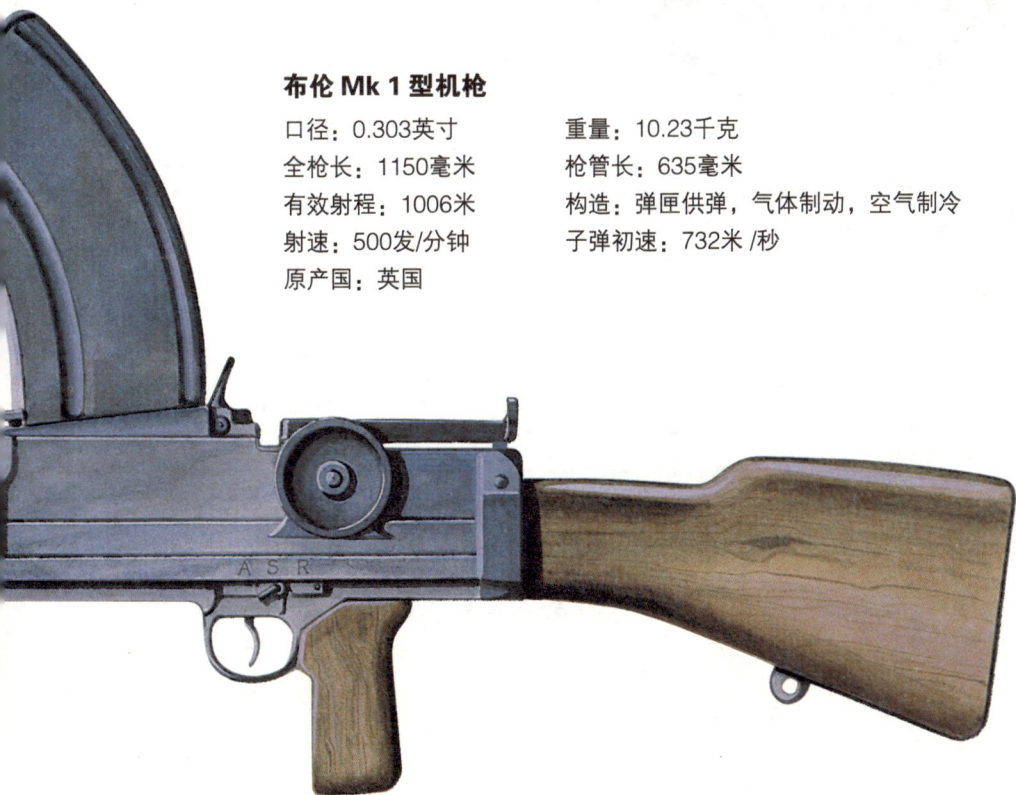

上图：美国和澳大利亚的步兵在新几内亚丛林中实施联合攻击时，使用双脚架的布伦轻型机枪提供的火力支援让他们受益匪浅。

上图：为布伦机枪研发的盘式弹匣以提高它防空时的装弹量。步兵部队中也可见到此种弹匣，但并不多见。

提手

准星装置

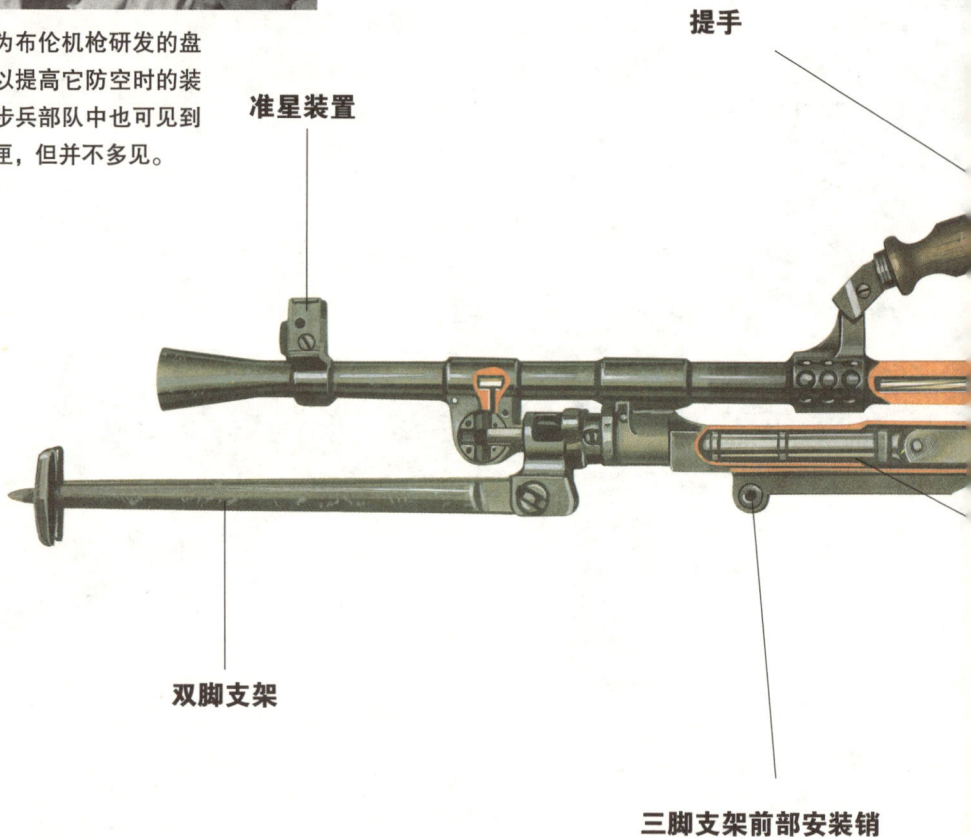

双脚支架

三脚支架前部安装销

上图：布伦2型机枪的精巧结构剖面图，可以清楚地看到该枪的每一个部件。

上图：布伦式轻机枪在执行防空任务。这种武器最初是一种发射德国7.92毫米子弹的捷克枪，后来经过重新设计，它使用的是英国的7.7毫米的子弹，这就是布伦式轻机枪为什么有一个弧形弹匣的原因。

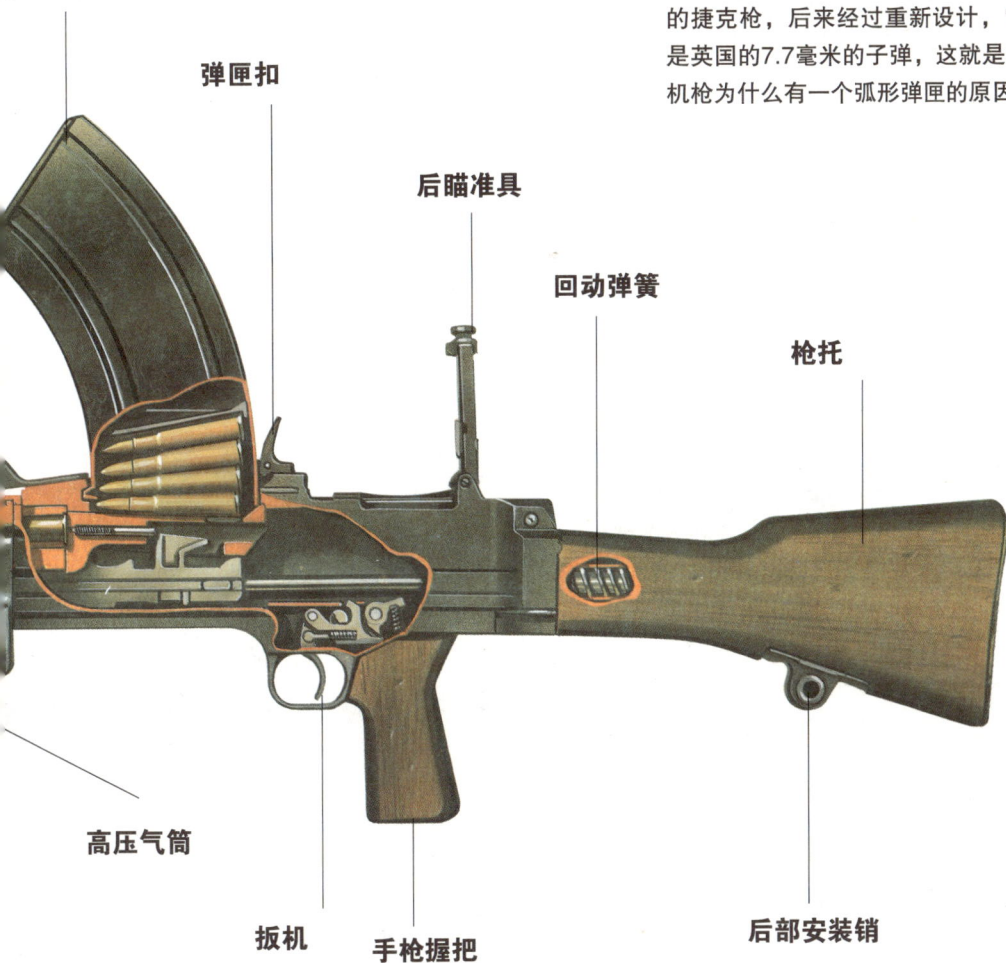

弹匣

弹匣扣

后瞄准具

回动弹簧

枪托

高压气筒

扳机

手枪握把

后部安装销

维克斯－波西亚轻型机枪

　　维克斯-波西亚系列轻型机枪是从第一次世界大战前法国设计的机枪中演化而来的。尽管法国的设计很有前途，但使用这种设计的国家却没有几个。1925年，英国维克斯公司购买了这种设计的专利权，主要供英国的克雷福德工厂使用。该公司希望生产一种能取代维克斯机枪的新式机枪。经过一系列试验，这种设计被印度陆军采用，成为印度标准的轻型机枪，最后在印度的伊沙波尔建立了生产线。这种轻型机枪被称为维克斯－波西亚Mk 3轻型机枪。

　　从设计和大致的外观上看，维克斯-波西亚轻型机枪和布伦机枪非常相似，但是从内部设置上看，两者间有许多不同之处。即使这样，当时的许多观察家都把维克斯-波西亚机枪看成了布伦机枪。

　　除了和印度陆军签订一笔较大的合同外，只有波罗的海和南美洲的几个国家购买了这种轻型机枪，并且直到今天，维克斯-波西亚轻型机枪也是整个第二次世界大战期间所有机枪中最鲜为人知的武器之一。其中的原因并不是这种枪本身

维克斯－波西亚机枪 Mk3 型机枪

口径：7.7毫米　　重量：11.1千克　　枪全长：1156毫米　　枪管长：600毫米
子弹初速：745米／秒　　射速：450~600发子弹／分钟　　供弹：可装30发子弹的鼓式弹匣

有什么错误。它的设计相当合理，性能也不错。真正的原因是新闻对它的报道太少了，又加上布伦机枪的生产数量远远超过了它。

然而，有一种维克斯–波西亚机枪的派生枪却得到了较好的出头机会。它属于维克斯–波西亚机枪的改进型，使用较大的鼓式弹匣，弹匣位于套筒座的上面。枪的后部，正常情况下安装枪托的地方，安装了一个铲子式的枪把。它有一个特殊的设计——"斯卡福"环形支架，可以安装在飞机敞口的驾驶舱内，供观察员和机枪射手使用。

这种机枪生产的数量较多，主要供英国皇家空军使用。它的名称是维克斯G.O机枪（G.O代表气动操作），或称为维克斯K机枪。但是，这种机枪使用不久，就出现了速度更快的飞机，飞机使用敞口驾驶舱的时代迅速结束了。事实证明，在狭小的坐舱内，G.O机枪很难使用，而且要想在机翼中使用则是不可能的，所以几乎在一夜之间，这种枪又被送进了仓库。海军航空兵的飞机也使用这种机枪，并且一直使用到1945年，但数量相对较少。

1940年，为了加强英国机场及相关设施的防御，英国又把许多G.O机枪从仓库中取出来。在北非，散布在敌后作战的非正规部队，曾经广泛使用这种机枪。他们把这种枪安装在有重型装备的吉普车和卡车上。事实证明，效果非常显著。最初的维克斯–波西亚机枪的性能不错，可惜没有崭露头角的机会。在第二次世界大战结束前，意大利和其他战区仍在使用G.O机枪。战后，这种枪就没人使用了。

右图：图中是一名印度士兵携带的是维克斯–波西亚Mk3型机枪。

左图：1943年，新成立的英国特别空勤团巡逻队在北非执行任务。巡逻队的吉普车上装有维克斯–波西亚机枪。

反坦克武器

　　"博伊兹" 13.97毫米Mk 1反坦克步枪最初的名字叫"支柱枪"。它是作为英国陆军的标准反坦克步枪而设计的。这种武器在20世纪30年代末期首次装备部队，但到1942年时，这种步枪已经落伍了。

　　"博伊兹"反坦克步枪的口径为13.97毫米，发射的子弹威力较大。在300米的射程内，弹头能够穿透21毫米的装甲。同样，这种子弹产生的后坐力也比较大。为了减少后坐力，它的细长枪管上安装了枪口制动器。它使用头顶式弹匣，可以装5发子弹，从枪栓击发装置内供弹。"博伊兹"步枪又长又重，所以常常需要安装在舰船、通用汽车或轻型装甲车上，作为它们的主要武器。

　　最初的"博伊兹"反坦克步枪使用了前置式独脚支架，枪的托板处有一个手柄。敦刻尔克大撤退后，为了加快这种步枪的生产，英国对它的多处设置进行了修改。其中包括，用布伦机枪的双脚架替代了原来的独脚形支架；新式的索洛图恩枪口制动器替代了原来的圆形枪口制动器。新式制动器的边缘部分钻有多个洞孔。和原来的步枪相比，改进后的"博伊兹"步枪更易于生产。由于在1940年下半年时，人们认为"博伊兹"步枪的反装甲能力有限，所以它在军中的时间并不太长。但是，在1941—1942年北非战役期间，人们发现它是一种非常出色的反步兵武器，在北非，用它打击隐藏在岩石后及岩石附近的敌人时，它所击碎的岩石

右图："莫洛托夫鸡尾酒"是一种国际性的反坦克武器。图中所示从左向右：苏联的"莫洛托夫鸡尾酒"（第二个是苏联红军使用的"标准"型），英国（使用的牛奶瓶）以及日本和芬兰的。所有这些武器都使用了相同的原理：汽油混合物，汽油浸过的布条起到导火索的作用。

碎片对敌人造成了较大伤害。在1942年年初进行的菲律宾战役期间，"博伊兹"在美国海军陆战队中也发挥了较大作用。美国士兵使用这种步枪非常有效地打击隐藏在掩体内的日军。另外，德国人也曾使用过这种武器。敦刻尔克战役后，德国把他们从盟军手中缴获的这种武器命名为13.9毫米 782(e)反坦克步枪。

在1940年，英国曾经计划生产"博伊兹"Mk 2步枪。这种步枪比"博伊兹"Mk 1步枪短，重量也较轻，主要供空降部队使用，但是没过多久，英国就终止了该计划。

"诺斯欧瓦"发射器

敦刻尔克大撤退后，英国陆军两手空空，反坦克武器丢得一干二净。当时德国入侵迫在眉睫，英国急需易于生产的武器来装备英国陆军和新组建的地方防御部队（即后来的国土警卫队）。"诺斯欧瓦"迫击炮就是英国在匆忙中投入生产的一种武器，也有人称之为瓶式迫击炮，后来命名为"诺斯欧瓦"发射器。这种武器的结构极其简单，只有一根钢管，末端有一个简单的弹膛。弹药由老式的手榴弹和枪榴弹组成。助推力来自位于枪口处的一发小型黑火药子弹；后来发射的是No.76含磷榴弹（这就是瓶式迫击炮的来历）。它的后坐力没有进行过评估。它的瞄准具比较简单，但在90米的射程内相当精确。它的最大射程大约是

右图：一名军械人员正在修理"博伊兹"Mk 1反坦克步枪。这种步枪很容易辨认，它使用独腿支架和圆形枪口制动器。1941年之后，这种步枪就极少使用了。因为它只能击穿最薄的装甲，并且不便于携带，射击时后坐力较大。士兵们视之为一种令人恐惧的武器。

"博伊兹"反坦克步枪 Mk 1

口径：13.97毫米　　全长：1625毫米　　枪管长：914毫米　　重量：16.33千克
子弹初速：991米／秒　　穿甲能力：在300米的射程内能击穿21毫米的装甲

275米。

1940年以后有一段时间，"诺斯欧瓦"发射器成为英国国土警卫队的标准武器，并且许多陆军部队也曾使用。在实际应用中，"诺斯欧瓦"和它发射的子弹所起的作用差不了多少，因为这些手榴弹和榴弹不仅陈旧而且极其简单，所以它们的反装甲能力实在令人不敢恭维。使用白磷的榴弹无疑效果要好多了，但发射人员不喜欢这种武器，其中的道理非常简单，射击时，这种玻璃瓶常常在枪管内就破裂了。一般情况下，发射组由两名士兵组成，有时也会增加一名（负责弹药和指示目标）。国土警卫队的许多部队在当地进行了改进，改进后的"诺斯欧瓦"发射器更易于移动。

这种发射器使用的四条腿车架（正规的）的操作相当复杂。为了简化操作程序，1941年，英国生产出了较轻的"诺斯欧瓦"Mk 2发射器。但相对来说，生产的数量较少。

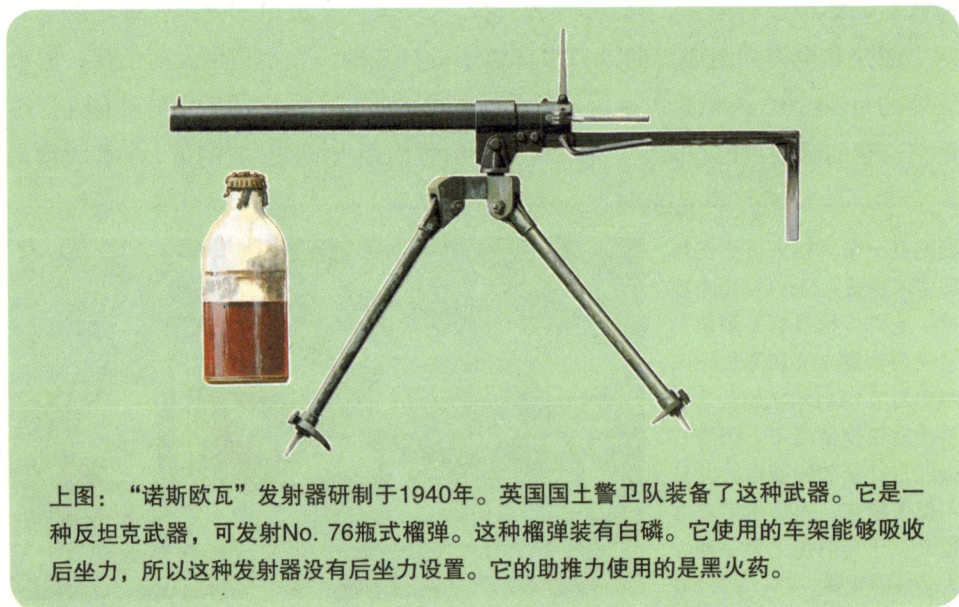

上图："诺斯欧瓦"发射器研制于1940年。英国国土警卫队装备了这种武器。它是一种反坦克武器，可发射No. 76瓶式榴弹。这种榴弹装有白磷。它使用的车架能够吸收后坐力，所以这种发射器没有后坐力设置。它的助推力使用的是黑火药。

"诺斯欧瓦"发射器

口径：63.5毫米　　重量：发射器重27.2千克；支架重33.6千克
射程：有效射程90米；最大射程275米

步兵反坦克发射器（PIAT）

Mk 1步兵反坦克发射器（PIAT）是英国的一种反坦克武器。研制这种武器的目的是为了探索空心装药弹头的穿甲效果。这种武器能发射一种极为有用的榴弹，这种榴弹几乎能穿透当时所有类型的坦克装甲，其性能和同时期美国的"巴祖卡"火箭筒和德国的"铁拳"火箭筒不相上下。

步兵反坦克发射器发射榴弹使用的是压缩弹簧而不是化学能量。它应用了管式迫击炮的原理，使用槽轨发射方法，在一个中心栓的作用下，榴弹开始移动，然后从裸露的弹槽中弹出。推压扳机，功率强大的主弹簧开始运行，在弹簧力量的作用下，中心栓从弹槽中撞击榴弹的助推火药，在火药助推力的作用下，榴弹被射出弹

上图：1941年之后，步兵反坦克发射器成为英国陆军标准的反坦克武器，大多数作战部队和勤务部队都使用这种武器。这种武器在装弹时相当费劲，但是在近距离内能够击穿大多数坦克的装甲，而且它还能发射高爆炸药（HE）和烟幕弹。

上图：美国的"巴祖卡"火箭筒发射的火箭弹装有鳍状的稳定仪。火箭弹重1.53千克，最大射程640米，但只有在较近的距离内其精度才能得到保证。

步兵反坦克发射器（PIAT）

长度：全长990毫米　　重量：发射器重14.51千克；榴弹重1.36千克
初速：76~137米／秒　　射程：有效射程100米；最大射程340米

左图：图中左侧就是最初的"巴祖卡"M1火箭筒。右侧是M9火箭筒。M9火箭筒可以拆卸为两部分，利于装在车内携带和储存。

槽。同时，助推火药的反作用力撞击主弹簧，从而把第二颗榴弹装入弹槽。

步兵反坦克发射器主要是作为反坦克武器研制的，但是它也能发射高爆炸药（HE）和烟幕弹，所以和同时期的反坦克武器相比，用途更为广泛。由于它使用的前置式独腿支架能够伸展，在狭小的空间中，射击角度容易控制，所以在逐屋争夺和城市战中用途较大。

步兵反坦克发射器取代"博伊兹"反坦克步枪后，成为英国步兵的标准反坦克武器，在整个英国军队和英联邦军队中应用极为广泛。然而，这并不是说士兵们都喜爱这种武器。它不受欢迎的主要原因在于它的主弹簧。这种弹簧功率强大，一般两个人才能推动。如果榴弹发射失败，这种武器也就失去了作用，因为敌人就在附近，想再次发射，就会面临极大的危险。这种武器还是轻型装甲车辆的主要武器。汽车也可以使用这种武器，在多用途支架上安装14个步兵反坦克发射器，其威力不亚于一个机动的迫击炮连。

"救生圈"火焰喷射器

....

　　英国于1941年开始研制火焰喷射器，后来被正式命名为No.2Mk I便携式火焰喷射器。英国的设计显然受到德国40火焰喷射器的影响。但是，英国的基本设计标准是，这种武器可以用松紧带固定起来，内部使用高压充气，所以最有可能采用的式样应为环状物，有限的空间内应该尽可能多地装填燃料。这些标准意味着这种火焰喷射器应制造成环状，形状像油炸圈一样的燃料箱位于中心，内部充有高压气体。由于它与众不同的外形，人们给它起了个绰号——"救生圈"。

　　1942年6月，在军队和其他单位对这种武器进行的试验结束前，英国已经做好了生产Mk I火焰喷射器的准备，并且生产订单都下发了。但是这种火焰喷射器装备部队后暴露出了许多严重问题，其中多数问题都是由

右图：Mk Ⅱ "救生圈"从1944年上半年成为英国军队的标准火焰喷射器，但英国士兵从来没有喜爱过这种武器。这种武器在战斗中使用的数量非常有限。选择这种形状的目的是为了内部（像一个压力船）能尽可能多地装填燃料。

....

"救生圈"火焰喷射器

重量：29千克　　　燃料容量：18.2升　　　射程：27.4-36.5米　　　喷火持续时间：10秒钟

右图：英国步兵列队前进，奔赴欧洲西北部的某前线。注意队伍后面的士兵，背后背的就是"救生圈"火焰喷射器。

于它的燃料箱外形过于复杂并且制作过程太匆忙引起的。它点火后性能极不可靠，而且燃料箱下面的燃料阀的位置也不便于操作。这样，Mk I火焰喷射器的生产就草草结束了。从1943年6月开始，这种火焰喷射器仅在训练时使用。

过了一年（1943年），改进型火焰喷射器No.2 Mk I出现了。英国陆军直到战争结束一直都使用这种火焰喷射器，并且在战后又使用了许多年。Mk II和Mk I火焰喷射器的形状差别不大。Mk II火焰喷射器于1944年6月停止生产。在诺曼底登陆期间和随后的战斗中，以及英军在远东的战斗中，英国陆军都使用了这种武器。虽然如此，英国陆军从来没有真正喜爱过这种便携式火焰喷射器，并且决定限制这种武器的生产数量，到Mk II的生产结束总共生产了7500件。事实证明，从整体上看，由于Mk II依赖一节小型电池才能点燃燃料，所以它的性能并不可靠，并且，电池容易受潮，而且使用时间有限。

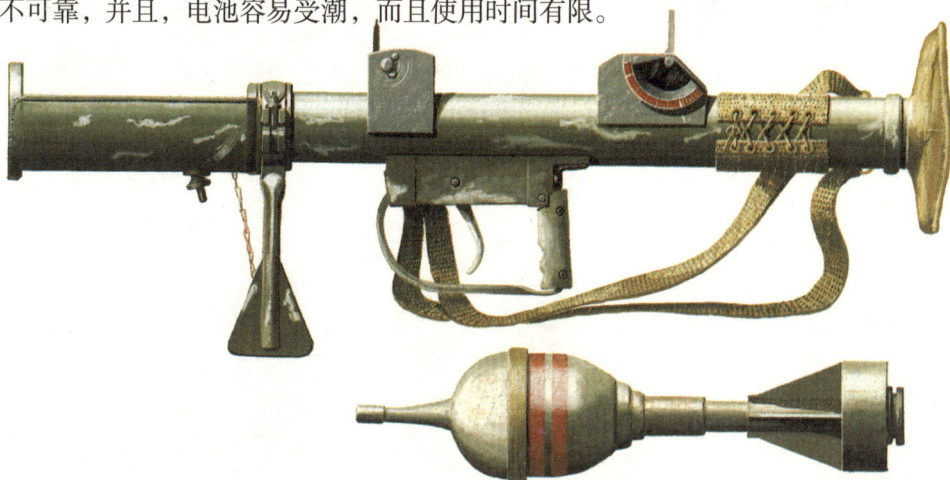

上图：当其他国家主张使用火箭助推、空心装药的反坦克炸弹时，英国使用的是步兵反坦克发射器。它是一种管式迫击炮，使用功率强大的中心弹簧，弹头从安装在前端的弹槽中弹射出去。虽然士兵们不是很喜爱它，但它确实是坦克的克星。

"哈维" 火焰喷射器

英国最早在机动作战中使用火焰喷射器的时间是1940年。当时新成立的化学战部研制出一种名为"朗森"的火焰发射器。它的射程较短,安装在一辆通用汽车上,燃料和压缩气箱装在车后端的上部。出于各种考虑,英国陆军决定不再使用"朗森"火焰喷射器,要求提供射程更远的火焰喷射器,但是加拿大人却保留了这种设计,后来在战争中被美国人采用,美国人把这种火焰喷射器命名为"撒旦"。

英国从1940年夏天开始研制火焰喷射器,只是由于担心德国入侵而采取的权宜之计。这种武器的正式名称为No.1 Mk1便携式火焰喷射器,但英国军队称之为"哈维"火焰喷射器。按照计划,它们并不是由人力携带的武器。"便携式"指

上图:"黄蜂"MkIIC 是加拿大的火焰喷射器,相当于英国的"黄蜂"火焰喷射器,其后部带有一个单独的燃料箱,而英国的"黄蜂"MkII 内部有两个燃料箱。它经过改装后变成了"黄蜂"喷火坦克。这种喷火坦克于1943年首次进行了试验。

"哈维" 火焰喷射器

重量:不详　　燃料容量:127.3升　　射程:在46-55米之间　　喷火持续时间:12秒钟

它们能够装在车辆（有两个农用车轮）上到处移动。它的主燃料箱易于制造，压缩气体装在一个商用的压缩气缸内。

火焰发射器和燃料箱之间有一条长9.14米的软管，并且发射器本身就属于安装在独腿支架上的设置。英国人的想法是把"哈维"运送到预定地方，发射器和盖子下面的燃料箱联接后，就可以瞄准目标区域射击了。

英国的正规军队装备了第一代"哈维"火焰喷射器，不久，英国的国土警卫队也装备了这种武器。这种武器相当笨重，士兵们普遍不喜爱这种武器，而且它的性能也不完善。虽然有些在中东派上了用场，但只不过投放了几枚烟幕弹而已。

右图：这是"哈维"火焰喷射器喷出的火舌。这种静止式防御性武器是1940年生产的，主要供英国国土警卫队使用。尽管这意味着它必须在静止状态下才能发射，但是它可以安装在两轮式车辆上。这种武器的造价低廉，制作粗糙。

下图："黄蜂" MkII 和早期的MkI 有所不同，前者安装在装甲车前面，火焰发射器较小。英国的"黄蜂"喷火坦克有两名乘员，而加拿大的"黄蜂"喷火坦克有三名乘员，其中一人负责操纵机枪或迫击炮。

50.8 毫米迫击炮

　　1938年，英国最初的型号被称为Mk II ML迫击炮（使用口径为50.8毫米的炮弹）（ML代表炮口装弹）。这种迫击炮有一长串的标记和小标记。在基本设计中，口径为50.8毫米的迫击炮有两种类型。一种是纯步兵使用型号，只有一根简单的炮管、一个较小的底盘和装弹后发射炮弹的扳机设置。第二种安装在布伦机枪或轻型履带车上，底盘较大，瞄准系统更加复杂；如果需要，使用手柄就可以从车辆上拆卸下来，在地面上使用。然而这两种迫击炮至少有14处不同的地方，它们的炮管长度、瞄准设置和生产方法各有不同。另外，英国还生产了供印度陆军和英国空降师使用的特殊型号。

　　为了和迫击炮的类型相适应，英国开发出一系列不同类型的炮弹。50.8毫米迫击炮常用的是高爆炮弹，但有时也使用烟幕弹和照明弹，后者主要用于夜间目标照明。它使用扳机设置射击，射击角度接近零度。在逐屋争夺战中，这种设置尤为重要。正常情况下，它的炮弹装在管子内，每根管子可装3发炮弹，三根管子为一包。50.8毫米迫击炮小组由两名士兵组成，一名士兵负责携带迫击炮，另一名士兵负责携带弹药。

右图：图中士兵正在表演给50.8毫米迫击炮装弹。这种迫击炮使用较大的"卡里亚"底盘。

50.8 毫米迫击炮

口径：50.8毫米　　　长度：炮管长665毫米；炮膛长506.5毫米　　　重量：4.1千克（战斗中）

最大射程：455米　　　炮弹重量：1.02千克（HE炮弹）

76.2毫米迫击炮

　　1932年，英国决定用76.2毫米迫击炮取代94毫米榴弹炮，并把76.2毫米ML迫击炮定为英军一线部队的标准步兵支援武器。1939年9月第二次世界大战爆发后，英国军队使用的就是这种76.2毫米迫击炮。它和第一次世界大战中使用的Mk I迫击炮有许多不同之处，尤其是弹药。Mk II迫击炮的炮弹使用了法国布朗特武器公司发明的多项创新性设计。

　　战争爆发后，尽管Mk II迫击炮结实耐用、性能可靠，但和同类型的迫击炮相比，它的射程太近。早期的Mk II迫击炮的射程只有1 465米，而德国的80毫米sGrW34迫击炮的射程却高达2 400米。使用新式助推弹药后，经过一系列试验，

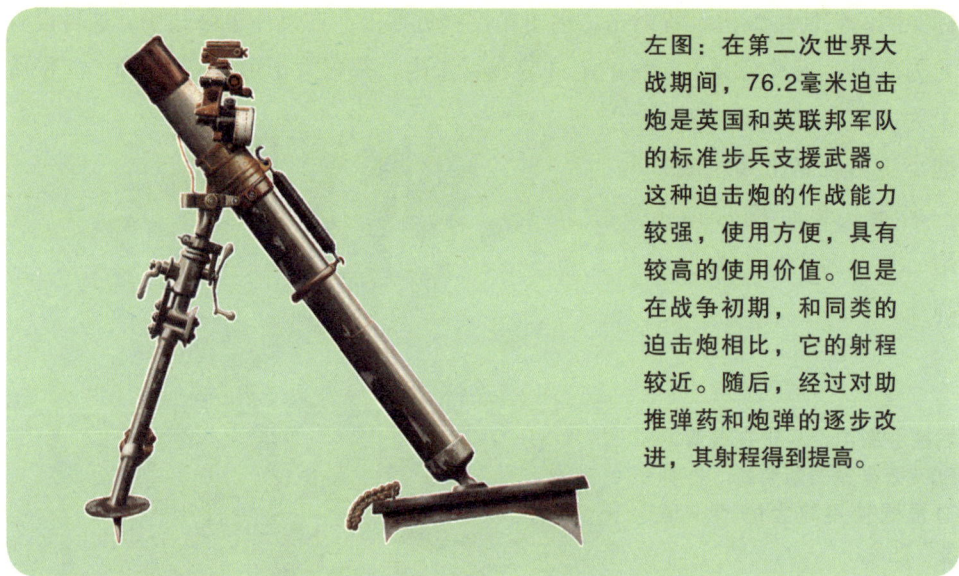

左图：在第二次世界大战期间，76.2毫米迫击炮是英国和英联邦军队的标准步兵支援武器。这种迫击炮的作战能力较强，使用方便，具有较高的使用价值。但是在战争初期，和同类的迫击炮相比，它的射程较近。随后，经过对助推弹药和炮弹的逐步改进，其射程得到提高。

76.2毫米 Mk II 迫击炮

口径：76.2毫米　　　全长：1295毫米　　　炮管长：1190毫米　　　重量：57.2千克（战斗中）
射角：45°~80°　　　方向转换角：11°　　　最大射程：2515米
炮弹重量：4.54千克（HE炮弹）　　　原产地：英国

Mk II迫击炮克服了早期的缺陷,射程增加到2 515米,但要把新式炮弹送到前线士兵手中,还需要一些时间,所以有时,英国军队使用从德军手中缴获来的迫击炮,尤其是在北非战役期间。

除了弹药上的差异外,英国还进行了其他改动。后来的Mk IV迫击炮采用了各种研制成果。这种迫击炮装备了新式底盘(这种底盘较重),瞄准设置也得到了改进。另外,英国还生产了一种特殊的型号——Mk V轻型迫击炮。这种迫击炮只生产了5 000门,主要在远东使用,并且出于显而易见的原因,一部分送给了英国的空降师。

迫击炮投入战斗时常用的方法是拆卸成三部分,由人力携带。也有些迫击炮是用车辆运输的,然后在地面组装供地面作战使用,因为迫击炮本身不能从车辆上射击。车辆还可以存放迫击炮的弹药。运送迫击炮时,先把炮管和双脚架放在一个箱子内,再把底盘放在另一个箱子内,第三个箱子装运弹药。

英军的迫击炮主要使用高爆炮弹和烟幕弹,尽管英国也研制了其他类型的炮弹,如照明弹。通过增加助推弹药和调整炮管射角,可以把炮弹发射到115米的地方。在近距离作战中,迫击炮是一种非常有用的武器。

右图:在1945年1月的残酷战斗中,盟军士兵使用76.2毫米迫击炮攻击马斯河对岸的德军阵地。从他们堆放的备用炮弹可以看出,这个炮兵小组执行任务的时间较长。

106.7 毫米迫击炮

到1941年时，英国陆军参谋部的决策人员发现英军迫切需要一种能够发射烟幕弹和其他用途炮弹的迫击炮。在战场上投放烟幕弹能起到遮蔽、掩护或其他目的。在这种情况下，英国陆军领导人无疑非常重视来自前线部队的报告。英国前线部队特别看重德国投放烟幕的部队的作战能力。德军的烟幕部队使用100毫米Nebelwerfer迫击炮。

根据前线部队的报告，英国研制出新式的106.7毫米重型迫击炮。但是就在准备装备给英国工程兵投放烟幕的部队时，英国改变了决定——把这种

左图：在1943年西西里战役中，盟军使用106.7毫米迫击炮攻击埃特纳山下的德军阵地。炮兵手捂耳朵，以免遭炮口风的伤害。

106.7 毫米迫击炮

口径：106.7毫米　　长度：炮管长1730毫米；炮膛长1565米　　重量：599千克（战斗中）
射角：45°~80°　　方向转换角：10°　　最大射程：3750米　　炮弹重量：9.07千克
原产地：英国

迫击炮改装成能够发射常规高爆炮弹的重型迫击炮，供英国皇家炮兵（连）使用。这样，这种新式迫击炮就变成了SB 106.7毫米迫击炮（SB代表平滑炮膛）。

106.7毫米迫击炮投入生产之际，正赶上英国国防工业全面展开之时，当时的所有生产设施都存在原料供应不足的情况。尤其值得注意的是它的炮弹生产，为了减轻重量，设计人员想使用铸钢材料制造炮弹的弹体，这样炮弹的弹道会更加合理，但当时由于缺少所需的锻压设施，所以无法使用这种弹体。于是这种新式迫击炮的最大射程只有3020米，而不是所需要的4025米。

由于当时的新式流线型炮弹尚未投入生产，所以英军只好使用这些短射程炮弹。新式炮弹用铸钢制造而成，它们的射程达到3 660米。那个时候，迫击炮主要使用高爆炮弹，但仍然保留了最初投放烟幕弹的功能，所以英国也生产了一部分烟幕弹。

想用人力移动106.7毫米迫击炮可不是一件易事，所以一般情况下，投入战场时，这种迫击炮需要使用吉普车或其他轻型车辆牵引。它的底盘和炮管/双脚架设计比较合理，无须花费太大的力气就可以安放在轮式支架上，炮管和双脚架可以快速组装。用通用汽车装运时比这还要简单，从背后放下底盘，插入炮管，夹好双脚架，基本上就可以发射了。撤出战斗和投入战斗一样快捷。这样它就引起了那些火力支援部队的疑ը。他们对106.7毫米迫击炮进行评估的时候发现：一个106.7毫米迫击炮连射击后，在敌人的防炮兵火力到来之前，已经撤出阵地。而在106.7毫米迫击炮连撤出一段距离后，靠近迫击炮连原来阵地的部队正好会遭到敌人炮火的打击，而敌人的炮火本来是想报复迫击炮连的。

106.7毫米迫击炮在英国皇家炮兵中使用较为广泛，许多野战团都装备了机枪或106.7毫米迫击炮。从1942年下半年开始，所有现役的英国军队都使用106.7毫米迫击炮。

2
坦克和火炮

马克轻型坦克

马克1型坦克是1916年英国制造的新式武器，被称为坦克鼻祖。随后，这些坦克又被改进为马克2型轻型坦克。在加装乘员个人传动装置、无线电设备及其附带的蓄电池系统后，马克2型轻型坦克的整车重量比原型车增加了3.5吨。可喜的是，新型装甲系统也几乎在同时问世，在相同厚度下，新型装甲提供的防护能力要比老式装甲高20%以上。这种"加强型坦克装甲"随后被用在英军研发的所有轻型坦克上，直到1936年投入的马克6型"维克斯"坦克。

从马克1型轻型坦克到马克3型轻型坦克，英军的轻型坦克在当时已形成了一

马克7型"领主"轻型坦克

武器：1门2磅火炮，1挺7.92毫米口径机枪　　乘员：3人

车长：（炮口向前状态）4.3米　　车宽：2.3米

车高：2.1米　装甲厚度：4～16毫米

发动机：165马力汽油机　　最大行程：224千米

最大速度：64千米／小时　　原产国：英国

个完整的系列。但从总体而言，在此期间所研制的三型坦克改动不是很大。然而，从马克4型轻型坦克开始，英国坦克研发人员在坦克研发方面进行了大量的创新。其中，马克4型轻型坦克最大特点是采用了单体横造结构；马克5型轻型坦克则引入了双人炮塔设计概念，为车长和机枪手提供了相应的空间。此外，较早期型号轻型坦克而言，马克4B型轻型坦克加装了1挺12.7毫米的"维克斯"型机枪，用以弥补7.7毫米口径机枪火力上的不足。1936年，随着马克6型轻型坦克投入生产，轻型坦克概念趋于完善。到第二次世界大战开始的时候，也就是1939年9月，英国陆军共装备了1000辆以上的轻型坦克。在随后几年内，这些重4.5吨、装备15毫米装甲的轻型坦克出现在欧洲、北非和中东地区的战场，但在战斗中遭受了惨重的损失。除以上几种轻型坦克之外，英国还分别于1938年和1941年推出

A22 "丘吉尔"马克3型坦克（加装了地毯式瞄准设备）

武器：1门290毫米口径臼炮　　乘员：5人　　车长：7.67米

车宽：3.25米　车高：2.47米

装甲厚度：16~102毫米　　发动机：350马力汽油机

最大行程：99.2千米　　最大速度：24.8千米／小时

原产国：英国

右图：1940年6月，就在法国战役进入最激烈的阶段之际，英国坦克制造厂进入了满负荷生产时期，照片中正在组装的坦克为马克4型巡洋坦克。

了马克7型"领主"轻型坦克和马克8型"哈利·霍普金"轻型坦克。然而，这两种坦克既没有大批量生产，也没有被大规模地投入作战。与早期的英制轻型坦克相比，这两型坦克的制动和刹车系统有所改进，并装备了在中型坦克上使用的大威力2磅火炮。但在诸如德制反坦克步枪等高威力反坦克武器面前，轻型坦克的防护装甲显得不堪一击。

上图：由于维克斯公司预算吃紧，同时也为了迎合英军总参谋部于1934年出台的"坦克主要应被用于支援步兵作战"这一作战思想，马克1型"马蒂尔达"坦克到了1940年便已经完全过时了。尽管该型坦克改进了装甲部分，但其履带系统仍然过于暴露，并且最高速度也仅为12.8千米／小时（8英里／小时）。

左图：英军马克2型"马蒂尔达"坦克较它的前任有了重大的改进，该型坦克装备第8军之后在北非战场上一直服役到1943年，享有良好的声誉。该幅照片摄于1941年1月，坦克乘员正在进行坦克伪装技术训练。

马克2型 A12 步兵坦克（"马蒂尔达"2型坦克）

武器：1门2磅火炮，1挺0.303英寸口径机枪　　乘员：4人

车长：6.02米　　车宽：2.59米

车高：2.36米　　装甲厚度：20~78毫米

发动机：2台87马力柴油机　　最大行程：258千米

最大速度：24千米／小时　　原产国：英国

上图：在第二次世界大战前，为了捍卫大英帝国的疆土，英国陆军部队进行了全球部署。照片中由维克斯–阿姆斯特朗公司出品的马克6型轻型坦克正在埃及的沙漠地区巡逻。该型坦克是英军在整个第二次世界大战期间使用的标准坦克，装备7.7毫米口径"维克斯"型老式重机枪。

上图：在1941年之前，英军坦克标准装备的2磅火炮的射程和穿透力远远不及德军坦克的50和75毫米口径火炮。在英军坦克1942年装备新型6磅主炮（照片中马克6型坦克所装备的火炮）之际，德军坦克早已经对其进行了更进一步的升级。

马克3型步兵坦克（"威伦泰恩"马克2型坦克）

武器：1门2磅或6磅火炮，1挺7.92毫米口径机枪　　乘员：4人

车长：5.41米　　车宽：2.62米

车高：2.27米　　装甲厚度：7.9~65毫米

发动机：131马力柴油机　　最大行程：189千米

最大速度：24千米／小时　　原产国：英国

A22 马克 4 型步兵坦克（"丘吉尔"马克 4 型坦克）

武器：1门6磅火炮，1挺或2挺7.92毫米口径机枪　　乘员：5人

车长：7.67米（25.16英尺）　　车宽：3.25米（10.66英尺）

车高：2.47米（8.1英尺）　　装甲厚度：16~102毫米（0.63~4英寸）

发动机：350马力汽油机　　最大行程：168千米（105英里）

最大速度：24.9千米／小时（15.5英里／小时）　　原产国：英国

A22 "丘吉尔"马克 4 型"鳄鱼"坦克

武器：1门75毫米口径火炮，1挺7.92毫米口径机枪，1具火焰喷射器　　乘员：5人

车长：7.67米　　坦克与挂车总长：12.26米

车宽：3.25米　　车高：2.44米

装甲厚度：16~102毫米　　发动机：350马力汽油机

最大行程：99千米　　最大速度：24.8千米／小时

原产国：英国

A27M 马克 8 型巡洋坦克（"克莱姆威尔"马克 5 型坦克）

武器：1门75毫米口径火炮，2挺7.92毫米口径机枪，2挺0.303英寸口径机枪

乘员：5人　　车长：（炮口向前状态）6.43米

车宽：3.1米　　车高：2.5米

装甲厚度：7.9~76毫米　　发动机：600马力汽油机

最大行程：274千米　　最大速度：56千米／小时

原产国：英国

25 磅火炮

　　第二次世界大战中真正可靠的加农炮应该确定无疑地属于英国的25磅火炮（英国25磅野炮实际口径为87.63毫米，也有资料简称为88毫米，但英联邦的军队仍习惯用25磅野炮名称），它们作为当时标准的114毫米速射炮和18磅火炮的替代品在20世纪30年代中期获得了发展。生产了超过12000门这种火炮，它们成了共和体制国家今后30年的基本炮兵武器。25磅火炮首次在第二次世界大战中的沙漠战斗里给人们留下了深刻印象，在这种地形下，它强大的反坦克火力大量杀伤了德国和意大利的坦克。

右图：加拿大士兵准备发射25磅火炮，该炮是第二次世界大战时期一种发射大型炮弹、具有强大杀伤力且装备稳定的大炮。

即使在30年以后的1971年，这种火炮仍然需求旺盛，当时印度和巴基斯坦双方都用这种火炮对付对方。

这种火炮开发了3种基本型号。最初被人们认识的是88毫米火炮，然后是1825磅火炮和1937年出现的25磅火炮"马克"Ⅰ型，"马克"Ⅰ型使用25磅火炮的炮架作为一种过渡性措施。这种炮架不够结实，不能承受额外增量发射药发射瞬间带来的超额负荷，它限制了"马克"Ⅰ型的射程，使得其只有11 704米，比增加额外的发射药前少了549米。

这种火炮综合了一个分离式装药、三个推进剂装药和一个可交替增压的设计，因此没有某些其他武器精致或烦琐的射击表盘。可使用许多种弹药：全部标准类型，还有一种重型的实心反坦克炮弹和一种杀伤人员用的霰射弹药。

这种炮的高低射界为–5°~45°，但是，除非安装在360°发射台上，它的方向射界只有8°。有几种自行火炮系统以它为基础发展而来，包括"主教"型(安装在一台"瓦伦丁"坦克底盘上)和加拿大的"教堂司事"型(安装在一台起重机底盘上)。"主教"改进型的高低射界不超过15°，这严重地限制了它的射程和应用，但"教堂司事"是一种成功的火炮，第二次世界大战后服役了很长时间。

它仍然是一种重型火炮。重1741千克，需要一辆卡车牵引。25磅火炮用一辆火炮前车分担重量并装载储备弹药。尽管如此，进入阵地后它仅需要60秒就可以做好战斗准备，而且只需要一名炮手就可以将炮放置到发射旋转平台上，这是在沙漠中甚至有树木的地方防御坦克的一个很方便的特性。

140 毫米榴弹炮

140毫米榴弹炮是一种第二次世界大战前后的可靠的英国火炮。1941年，140毫米榴弹炮首次交付皇家炮兵团，一直服役到20世纪70年代，赢得了极大声誉。140毫米单一口径榴弹炮，是当时英国使用的唯一榴弹炮。

140毫米榴弹炮在其他方面也与众不同。它使用不带炮口制退器的锥形身管，看起来像一种与其他部件完全不配套的海军小型火炮。后膛旁边的弹簧式平衡装置也远比那些类似的中型火炮高大和独特得多。

36.3千克的高爆炮弹为一般型弹药，还可以使用照明和烟雾分装式弹药。除此之外，还使用4种增量弹药，所有这些弹药都可以将高爆炮弹以510米/秒的初速度发射到最远16 400米的距离。高低射界可以达到45°，方向射界可以达到60°。一直服役到1970年才被155毫米榴弹炮取代。

口径：140毫米　　炮重：6190千克　　炮长：4.38米　　炮管长：31倍口径
有效射程：14813米　　射角：−5°～45°　　炮口旋转角度：60°　　初速：510米/秒
原产地：英国

3
战机

"惠特利" 式轰炸机

　　"惠特利" 飞机1934年开始设计，1936年3月首飞。最初使用阿姆斯特朗·西德利 "虎" 式星形发动机，共生产了160架Mk I、II和III型飞机；后来型号的飞机采用 "默林" 直进式发动机，从而提高了83千米/小时（52英里/小时）的航速。

　　Mk IV型飞机仅制造了40架，而Mk V型飞机制造了将近1500架，从1939年至1943年始终处于生产之中。Mk IV型飞机引入了一个装有四挺机枪的强大尾部炮塔，而Mk V型飞机则具有一个加长的机身，以便扩大尾部机枪手的射击视野。

　　在第二次世界大战的第一年中，"惠特利" 飞机执行了备受争议的传单袭击任务中的大多数。1940年 "惠特利" 飞机夜间轰炸德国，8月，参与了对柏林的首次轰炸。该机在轰炸机司令部并在前线的服役一直持续到1942年春季。

　　还有一些Mk V型飞机在战争初期转至空军海防总队服役，用以执行海上巡逻任务。另外还制造了146架Mk VII型飞机，该机安装有能够探测潜艇的远程搜寻雷达。这些飞机从1941年3月开始活跃在大西洋上空，在当年11月份，一个 "惠

阿姆斯特朗·惠特沃思 "惠特利" Mk-V型轰炸机

类型：五座远程夜间轰炸机　　原产国：英国
动力装置：两台1145马力罗尔斯—罗伊斯 "隼" X型活塞式发动机
性能：最大平飞速度368千米/小时；实用升限7927米；标准航程2640千米
重量：空重8795千克；最大起飞重量15227千克
尺寸：翼展25.61米；机长21.49米；机高4.57米
武器装备：5挺7.7毫米口径 "勃朗宁" 机枪，载弹量3182千克

特利"机组首次以ASV雷达侦测到并攻击了敌方潜艇。这些飞机一直服役到1943年年初。

从1940年开始，"惠特利"飞机还被用作伞兵训练机和滑翔机拖曳机，同时在1942年还有12架Mk V型飞机被转成民用运输机，并由英国航空公司使用。

上图："惠特利"Mk V型飞机曾被用来作为拖曳滑翔机的飞行员训练用机。有三个飞行中队执行过拖曳机作战任务。

上图：Mk VII型的速度比轰炸机版的速度稍微要慢一些，这是由于其重量较大且ASV Mk II雷达天线产生拖曳力的原因。

"安森" 侦察机

　　"安森"飞机于1936年服役，当时它是英国皇家空军中速度最快的双引擎飞机，并且是第一种具有可收放后三点式起落架的单翼飞机。改为军用后，"安森"飞机装备了一挺前射机枪和一挺位于机背炮塔内的机枪，且增加了一个携带2枚45千克（100磅）和8枚9千克（20磅）炸弹的炸弹舱。

　　以1940年的标准来看，该型飞机的性能很一般，但是它能够在Bf 109战斗机的内侧转弯，且能持续更长时间。这一能力使"安森"飞机的机组人员宣称在战斗中能够同时对付6架德国战斗机。从1941年开始，空海援救中大量地使用了

"安森" Mk I 型飞机

类型：高级教练机

发动机：2台257千瓦的阿姆斯特朗－西德利"猎豹"IX型7缸冷星形发动机

最大航速：在2134米高度时为301千米/小时

爬升率：海平面上229米/分

航程：1259千米

实用升限：5793米

重量：空机重2437千克；最大起飞重量3629千克

武器：2挺7.7毫米口径机枪，164千克炸弹

外形尺寸：翼展　17.22米

　　　　　机长　12.88米

　　　　　机高　3.99米

　　　　　机翼面积　43.00平方米

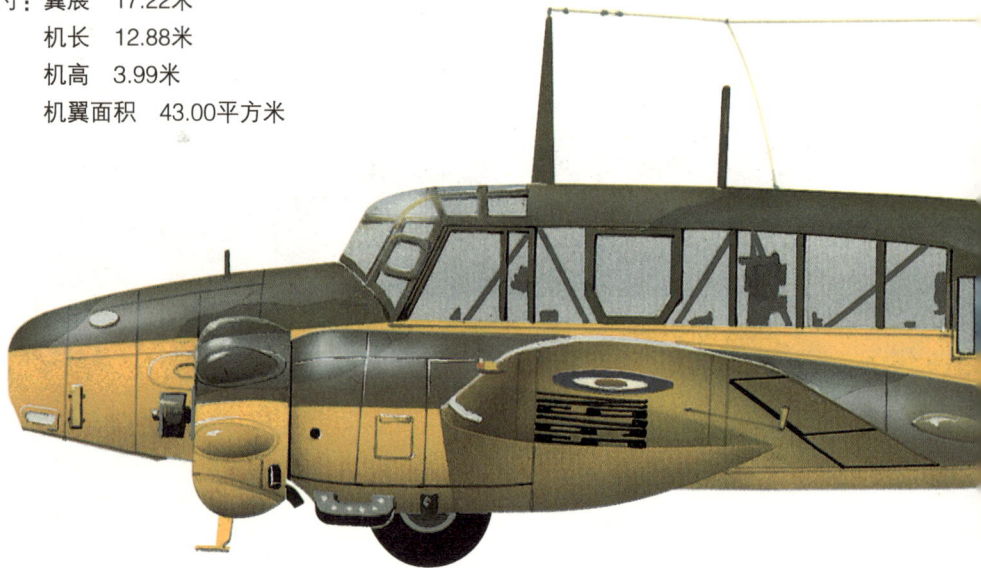

"安森"飞机。

"安森"飞机从一开始就被作为一种教练机使用，1940年，加拿大也引进了"安森"用作教练机。

"安森"飞机至少为20个国家的空军服务，许多架在战后又被转为民用运输机。其总产量超过11000架，其中大约有3000架是在加拿大制造的，采用了"赖特"、"雅各布斯"或"普惠"发动机。"安森"飞机的生产一直持续到1952年，在英国皇家空军一直服役到1968年。

为了满足英国皇家空军海防总队陆基侦察飞机的需要，爱维罗公司把原652型6座客机改进成为"安森"飞机。该机于1935年3月首飞，一年之后服役。到第二次世界大战开始时，"哈德逊"飞机开始陆续取代"安森"飞机，但"安森"飞机继续担负侦察任务直到1942年。该机还成为盟军最为广泛使用的教练机。

"曼彻斯特" 轰炸机

　　1940年首飞的"曼彻斯特"轰炸机，始终遭受其不可靠的劳斯莱斯"秃鹰"发动机的困扰，与取代它进入服役的不朽的"兰开斯特"相比黯然失色。它最后一次执行作战任务是在1942年年中。劳斯莱斯"秃鹰"发动机是一种强大的V-24式直列发动机，却没能提供预期中的强大动力，而且工作状况还很不稳定。该发动机原来还准备用在汉德利-佩济公司的一种飞机上，但后来被取消了。"曼彻斯特"轰炸机的前途也因此被毁。

　　第一架"曼彻斯特"原型机于1939年7月首飞，1940年进行了第二次飞行。皇家空军先是订购了200架，然后又订购了400架。在飞行试验之后，翼展被增加了3米，还在两个侧尾翼之间增加了一个中央稳定翼（后来在Mk IA型上又被取消了）。第一个"曼彻斯特"飞行中队，即第207中队组建于1940年11月，并于1941年2月执行了首次任务。有9个轰炸机中队接收了"曼彻斯特"飞机，其中有一个中队隶属于空军海防总队。"曼彻斯特"轰炸机受到"秃鹰"发动机的各种故障的困扰，导致其短命。轰炸机司令部最后一次使用该机进行作战，是在1942年6月25—26日对德国不来梅的轰炸中。"曼彻斯特"轰炸机仅生产了202架，其中大约有40%损失在作战中，有25%损失在意外事故中。

　　但是，如果不是因为"曼彻斯特"轰炸机的短命，爱维罗公司就不会制造出"兰开斯特"这一战争中最好的夜间轰炸机了。同时，在考虑其未来的轰炸机的式样上，"兰开斯特"轰炸机也为轰炸机司令部提供了思路。

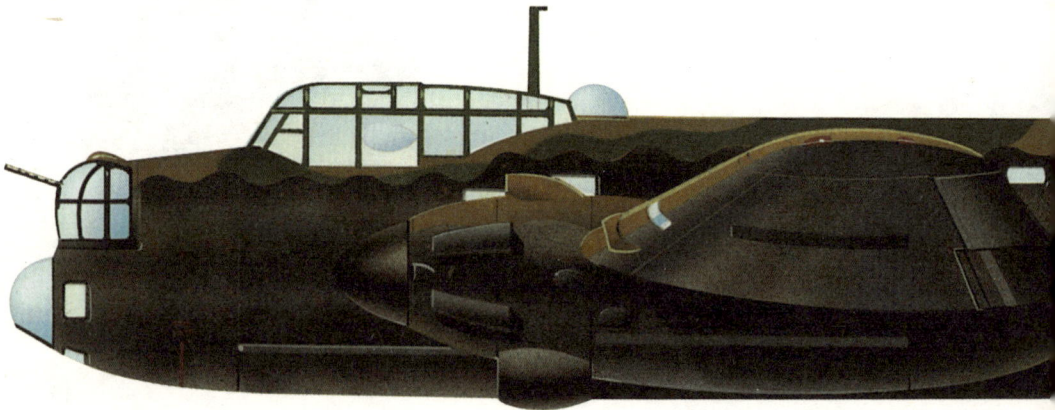

"曼彻斯特" Mk I 型飞机

类型：双引擎中型轰炸机

发动机：2台1295千瓦的劳斯莱斯"秃鹰"24缸发动机

最大航速：5180米高度时为422千米/小时

作战半径：携带3682千克载弹量时为2600千米

实用升限：5854米

重量：空机重13350千克；满载为25400千克

武器：前端炮塔和机身后上部炮塔各有2挺7.7毫米口径机枪，尾部炮塔内有4挺7.7毫米机枪；
　　　4695千克炸弹或燃烧弹

外形尺寸：翼展　27.46米

　　　　　机长　21.13米

　　　　　机高　5.94米

　　　　　机翼面积　105.63平方米

本图："曼彻斯特"轰炸机。

"布伦海姆" Mk IV 型轰炸机

虽然"布伦海姆"飞机的性能在20世纪30年代初期很先进，但是离第二次世界大战的作战要求还相差较远。到1941年，它就已经明显过时了，但仍得以生产了数千架。

Mk IV 型飞机在所属轰炸机司令部又继续服役了两年之久，而在北非和远东地区甚至保留的时间更长。在加拿大至少生产了600架该型飞机，主要用于训练。

由于"布伦海姆"Mk I 飞机领航员的隔舱太狭窄了，因此在Mk IV 飞机生产时，在机头位置采用一种改良后的新型舱室，Mk IV 于1938年年末取代了Mk I 飞机。

除了最初生产的80架以外，其余的Mk IV 飞机都具有更为强大的引擎，在机翼上装有附加油箱，提高了航程。1939年3月开始配属英国皇家空军飞行中队，在第二次世界大战开始之后，一些飞机在机鼻下方的遥控炮塔内安装了后射机枪。

"布伦海姆"Mk IV 飞机执行了英国皇家空军在战争中的首次轰炸袭击任务，并从1940年后期开始对德国进行了多次轰炸。此外，Mk V 飞机（也称为"比斯利"）尽管比其前面型号飞机的速度要慢，但英国皇家空军的第10中队在北非和远东地区使用了它。

Mk IV 型飞机在芬兰许可生产，而加拿大则采用"博林布鲁克"的名称生产了600多架Mk IV 型飞机。这些飞机中的大多数都是用作领航员和枪炮手教练机，而其他的则装上滑水橇式起落装置用于担负海上侦察任务。

"布伦海姆"Mk IV 型飞机

类型：三座轻型轰炸机
发动机：2台666千瓦的布里斯托尔"水星"XV型9缸空冷星形活塞式发动机
最大航速：3598米高度时为424千米/小时　　航程：2336千米
实用升限：8308米　　重量：空机重4441千克；满载后6532千克
武器：5挺7.7毫米口径机枪和579千克炸弹
外形尺寸：翼展　17.17米　　机长　12.98米　　机高　3.00米　　机翼面积　43.57平方米

左图："布伦海姆"安装有炮塔，但仍无法与敌军的战斗机相匹敌。因而，当它们在欧洲战场因过时而变得无用时，英国皇家空军的"布伦海姆"飞机在中东战场变得异常活跃。

右图：一架"博林布鲁克"Mk IV-T教练机，它是唯一幸存的一架"布伦海姆"飞机，仍然能够飞行。

"英俊战士" 鱼雷轰炸机

拥有重型武装的布里斯托尔"英俊战士"战斗机是第二次世界大战时最有杀伤力的战机之一，同时还有灵活的操控性，尤其是在低速飞行时。1939年，"英俊战士"首次出现，它机头偏平，类似战舰，非常坚固而且非常机动灵敏。早期采用"海克力斯"发动机的"英俊战士"飞机的动力稍显不足，动力更强的后期型号发动机使得它速度更快更敏捷。

"英俊战士"飞机的空间非常宽敞，从而能够携带巨大的第一代空中拦截雷达。装备雷达的战斗机加入英国皇家空军后，纳粹德国空军便放弃了对伦敦的夜间攻击。

下图："英俊战士"鱼雷轰炸机。

右图：将装备鱼雷和装备火箭弹的"英俊战士"飞机编组便成了专用于打击舰船的组合，能够摧毁海上的任何目标。

　　"英俊战士"飞机在第二次世界大战所有前线参加作战。1943年，"英俊战士"在其强大的枪炮武器基础上又增加了火箭弹，并结合了空中发射的鱼雷，从而使这一火力强大的飞机成为一种出色的远程战斗机、战斗轰炸机和反舰飞机。它摧毁了德国沿挪威海岸航行的大量舰船。

　　在应对德国对英国的夜间袭击中，"英俊战士"战斗机是英国皇家空军的中坚力量。强大而又具有厚板式机翼的"英俊战士"飞机还是最有效的反舰攻击机之一。

"英俊战士" TF.Mk X 型飞机

类型：双座低空攻击战斗机

发动机：2台1302千瓦的布里斯托尔"海克力斯"XVIII星形活塞式发动机

最大航速：400米高度时为488千米/小时

航程：2352千米

实用升限：4570米

重量：空机重7049千克；满载后11455千克

武器：6挺7.7毫米口径前射机枪，1挺活动的7.7毫米维克斯K式机枪，4门20毫米前射航炮，外加1枚鱼雷和2枚105千克炸弹或8枚41千克空对地火箭弹

外形尺寸：翼展　17.63米　　机长　12.70米　　机高　4.83米　　机翼面积　46.73平方米

左图："英俊战士"Mk VIC（图中的飞机）和TF.Mk X鱼雷轰炸机为英国皇家空军海岸司令部提供了强有力的打击能力，这种机型装备一组普通的四门20毫米机炮并携带一枚单独的Mk XII鱼雷。首个"英俊战士"打击联队于1942年11月在英国皇家空军的北科茨基地（North Coates）组建。紧挨着座舱后面的有机玻璃突出部分中包含无线电罗盘的D/F环形天线。

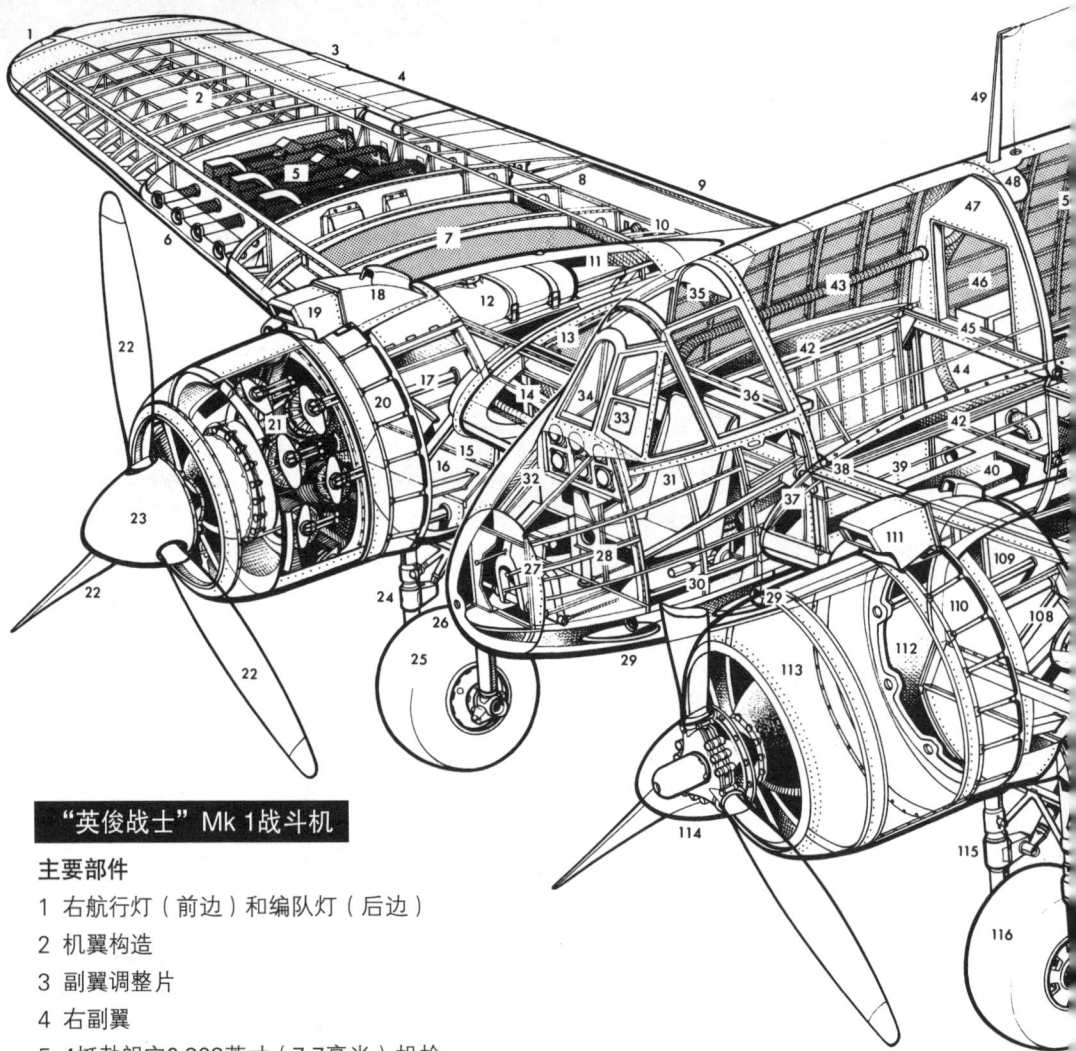

"英俊战士"Mk 1战斗机

主要部件

1 右航行灯（前边）和编队灯（后边）

2 机翼构造

3 副翼调整片

4 右副翼

5 4挺勃朗宁0.303英寸（7.7毫米）机枪

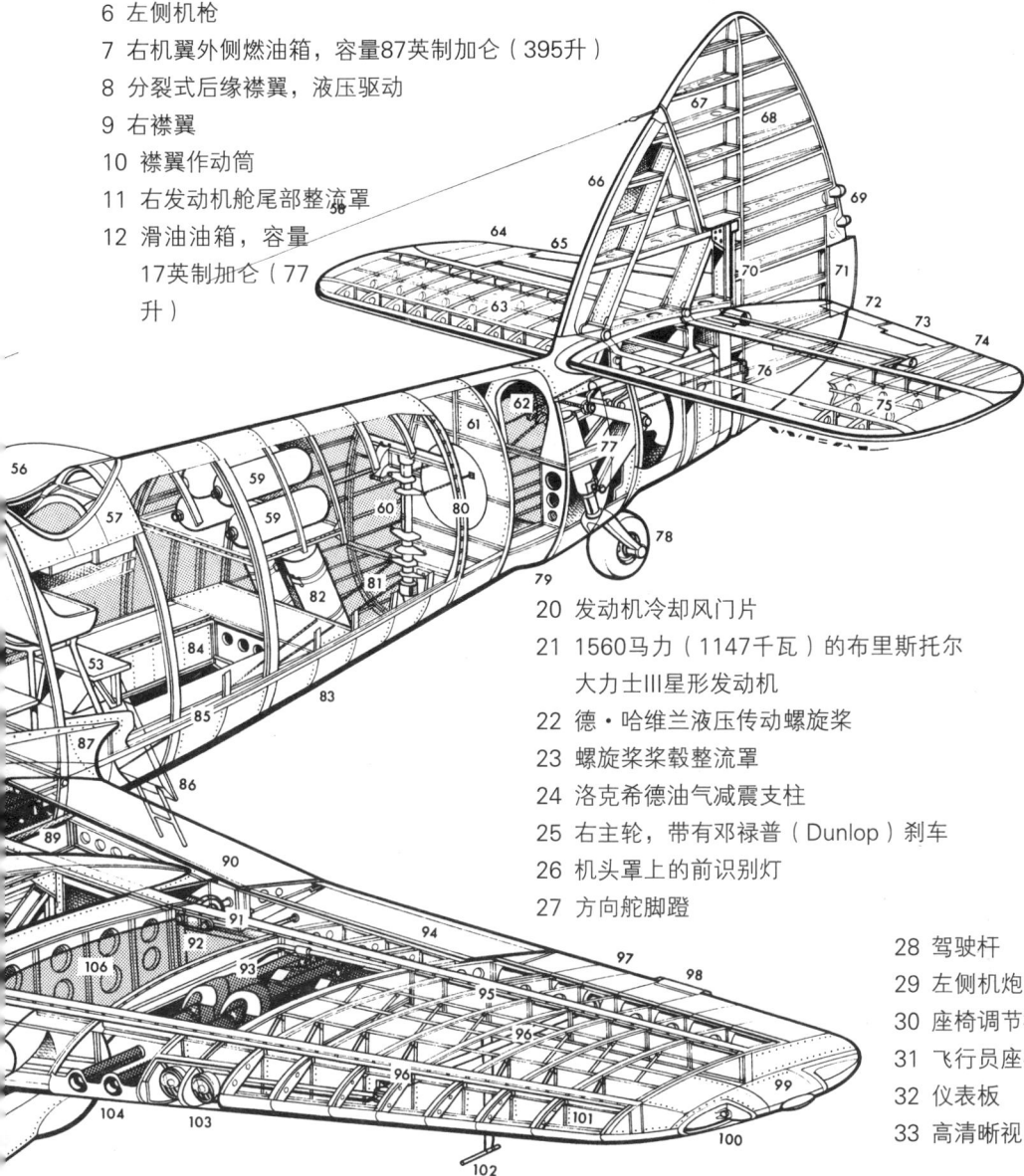

6 左侧机枪

7 右机翼外侧燃油箱，容量87英制加仑（395升）

8 分裂式后缘襟翼，液压驱动

9 右襟翼

10 襟翼作动筒

11 右发动机舱尾部整流罩

12 滑油油箱，容量
17英制加仑（77
升）

20 发动机冷却风门片

21 1560马力（1147千瓦）的布里斯托尔
大力士III星形发动机

22 德·哈维兰液压传动螺旋桨

23 螺旋桨桨毂整流罩

24 洛克希德油气减震支柱

25 右主轮，带有邓禄普（Dunlop）刹车

26 机头罩上的前识别灯

27 方向舵脚蹬

28 驾驶杆

29 左侧机炮

30 座椅调节杆

31 飞行员座椅

32 仪表板

33 高清晰视野面板

13 右机翼内侧燃油箱，容量
188英制加仑（855升）

14 机舱空气导管

15 铰接的前缘段

16 发动机舱壁

17 发动机支架

18 辅助进气口

19 增压器进气口

34 平板防弹风挡玻璃

35 座舱盖固定段（在
后来的机型上，侧
边铰接）

36 贯穿梁阶台

37 机头中央段附件接
合处

38 机身/中央段附件
接合处

39 飞行员登机舱口/应急逃生
舱口

40 甲板下面的机炮排焰管

41 机身/中段附件接合处

42 中央段附件加强纵梁

43 机舱空气导管

44 机炮加热管道

45 贯穿后梁

46 舱壁切口（观察员可以进入到前舱口）
47 舱壁
48 液压增压油箱
49 天线杆
50 硬壳机身构造
51 右侧机炮（两门20毫米）
52 甲板高度
53 踏板
54 观察员的旋转座椅
55 无线电操作和机内通话装置
56 观察员的炮塔
57 铰接面板
58 天线
59 氧气瓶
60 垂直操纵线缆轴
61 薄金属板舱壁
62 操纵线缆
63 水平安定面构造
64 升降舵
65 升降舵补偿片
66 垂直安定面构造
67 方向舵补偿片
68 方向舵构架
69 尾部编队灯（上部）和航行灯
70 方向舵
71 方向舵调整片
72 升降舵调整片
73 升降舵补偿片
74 升降舵构造
75 左水平安定面（后来的机型中带12度上反角）
76 方向舵铰链（下部）
77 尾轮收放机构
78 可收起的尾轮
79 尾轮舱
80 尾部机体连接安装环
81 操纵线缆
82 伞投照明弹降落伞

83 机身蒙皮——冲铆接包铝
84 观察员的登机舱口/应急逃生舱口通道
85 下部机身纵梁
86 登机梯/应急离机滑道
87 机翼根部整流罩圆角包皮
88 左机炮炮尾和鼓形弹匣
89 救生筏安装位置——多座"H"或"K"型，在发动机熄火时存放
90 襟翼（内段）
91 襟翼作动筒
92 机翼中段/外段附件接合处
93 两挺0.303英寸（7.7毫米）机枪
94 襟翼（外段）
95 后梁
96 副翼操纵杆和铰链
97 左副翼
98 副翼调整片
99 左翼尖
100 左航行灯（前面）和编队灯（后面）
101 前梁
102 静压头
103 双着陆灯（仅左翼有）
104 左侧机枪
105 滑油冷却器
106 左翼外侧油箱
107 主轮舱
108 发动机支架
109 前梁/起落架附件
110 发动机冷却风门片
111 增压器空气进气口
112 发动机安装环
113 发动机整流罩前部安装环
114 非顺桨（早期机型）或顺桨恒速（后来的机型）螺旋桨
115 主轮支柱
116 左主轮
117 收放作动筒
118 起落架舱门

"惠灵顿"式轰炸机

维克斯公司的"惠灵顿"式轰炸机是第二次世界大战爆发时英军服役战机中最重要的机型之一。在四发动机轰炸机装备英军之前，"惠灵顿"式是英国轰炸机部队的主要作战机型。即使在四发动机轰炸机后来装备部队之后，"惠灵顿"式飞机也并没有从军队退役，而是开始执行第二种任务——海上侦察、运输与训练，一直到第二次世界大战结束。"惠灵顿"式轰炸机生产总量11461架，由3家公司负责生产。1945年10月，最后一架"惠灵顿"轰炸机交付完毕。"惠灵顿"式是英国投产轰炸机中产量最多的机型，其发展可以追溯到空军部公布B.9/32号需求报告之时。当时，军方声称需要一种先进的双发动机轰炸机。维克斯公司当时认为，巴恩斯·瓦利斯博士为R.100型飞艇设计的轻合金测量结构是一种理想的坚固结构设计，能够承受很大的战斗损伤，而且，该种结构早已经在"韦尔兹利"通用轰炸机上得到了充分验证。后来，空军部与维克斯公司签署生产1架271式原型机的合同，军方要求该型机空重2858千克。当原型机后来推出之后，空重达5220千克，远比最初的要求指标高，但飞机空

维克斯公司"惠灵顿"Mk-IC 型轰炸机

类型：六座中型轰炸机　　　原产国：英国

动力装置：两台736千瓦布里斯托尔"飞马"ⅩⅧ型活塞式发动机

性能：最大平飞速度378千米／小时；实用升限5488米；最大航程4080千米

重量：空重8435千克；最大起飞重量12955千克

尺寸：翼展26.26米；机长19.68米；机高5.31米

武器装备：4挺7.7毫米口径"勃朗宁"、1挺7.7毫米口径"维克斯"K式机枪，载弹量2045
　　　　千克

重的增加，允许设计人员在更为坚固的机身上安装具备更强大推力的两台发动机，从而使其具备更佳的性能。

从1933年开始，英国空军部对271式飞机的最大起飞重量与武器载荷进一步实施了改进。到1935年，军方已开始考虑部署一种最大起飞重量13835千克的轰炸机，军方提出的这一重量使得维克斯公司早期打算设计的一种更重型、具备更坚固机体的机型具备了可行性。1936年8月，空军部向维克斯公司下达了初步采购180架"惠灵顿"Mk-I型轰炸机的订单。1937年，军方又与格洛斯特公司签署了200架"惠灵顿"式轰炸机的生产合同，其中，"惠灵顿"Mk-I型100架，"惠灵顿"Mk-II型100架，该两型机的

左图：在1942年之前，维克斯公司的"惠灵顿"轰炸机是一种非常出色的中型轰炸机，此后用作海上侦察轰炸机，一直到第二次世界大战结束。

动力装置分别为两台布里斯托尔"飞马"星形活塞式发动机和罗尔斯–罗伊斯"隼"式V字形活塞式发动机。后来，空军部又向阿姆斯特朗·惠特沃斯公司再次订购了64架。

上图：首批生产型"惠灵顿"飞机是订购于1936年8月的180架Mk I飞机，所有的第一批飞机的动力装置都是布里斯托尔飞马（Pegasus）XVIII星形发动机。第一批生产型飞机在1938年10月被交付给了第99中队；L4280（图中所示）是在1939年3月交付到第148中队的。虽然在这些首批生产型飞机中有6架是由RNZAF（新西兰皇家空军）订购的，但是随着战争的临近，所有的飞机都被留在了英国皇家空军部队服役。

上图："惠灵顿"B.Mk III轰炸机。

主要部件剖视图

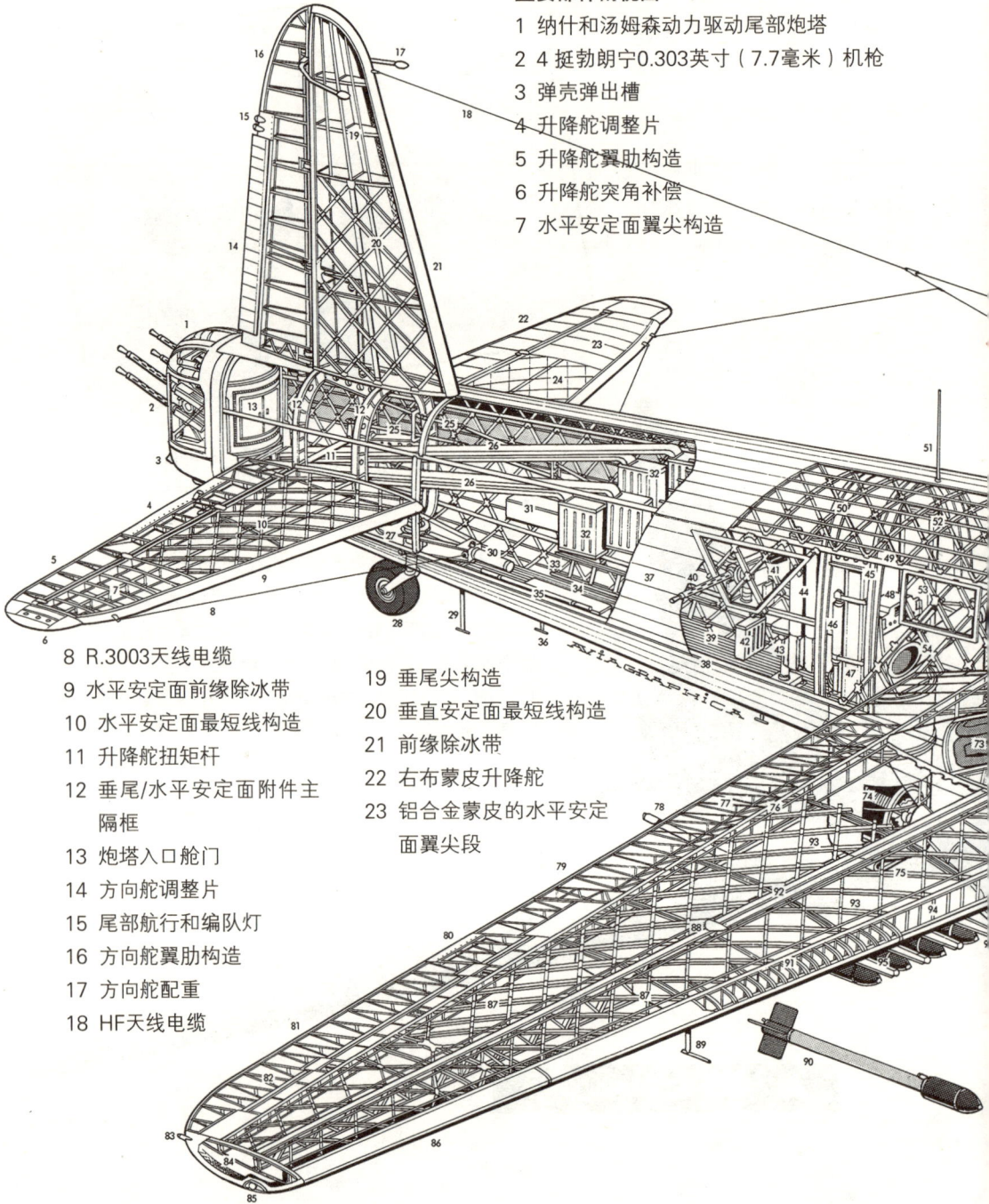

1 纳什和汤姆森动力驱动尾部炮塔
2 4 挺勃朗宁0.303英寸（7.7毫米）机枪
3 弹壳弹出槽
4 升降舵调整片
5 升降舵翼肋构造
6 升降舵突角补偿
7 水平安定面翼尖构造

8 R.3003天线电缆
9 水平安定面前缘除冰带
10 水平安定面最短线构造
11 升降舵扭矩杆
12 垂尾/水平安定面附件主
　隔框
13 炮塔入口舱门
14 方向舵调整片
15 尾部航行和编队灯
16 方向舵翼肋构造
17 方向舵配重
18 HF天线电缆

19 垂尾尖构造
20 垂直安定面最短线构造
21 前缘除冰带
22 右布蒙皮升降舵
23 铝合金蒙皮的水平安定
　面翼尖段

24 左布蒙皮的水平安定面
25 水平安定面操纵杆
26 弹药输送槽
27 尾轮固定枢轴
28 转向尾轮
29 机腹天线杆
30 尾轮收放作动筒
31 热水瓶存放处
32 尾部炮塔弹药箱
33 登机梯存放处
34 救生衣箱

35 发动机转动曲柄
36 无线电高度表天线
37 机身布蒙皮
38 下部纵梁
39 踏板
40 勃朗宁0.303英寸（7.7毫米）机枪
41 横梁机炮手的窗户，左右侧都有

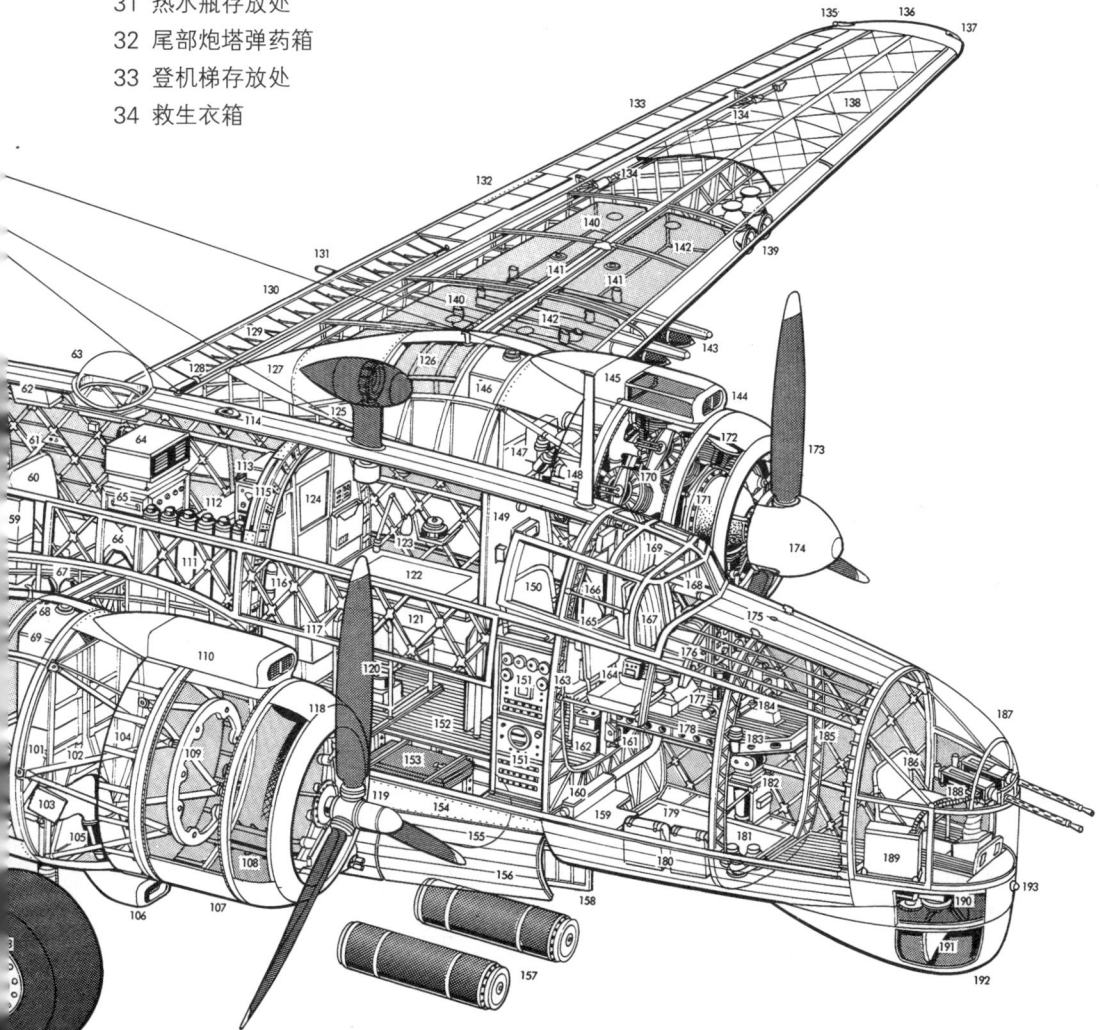

42 弹药箱
43 横梁机炮手的旋转座椅
44 侦察信号弹
45 利式（Leigh）探照灯安装隔框
46 液压作动器

47 灯光收放机构
48 Leigh灯控制面板
49 机身上部纵梁
50 机舱顶部最短线隔框
51 横梁进近天线

125 D/F环形天线

126 左发动机舱燃油油箱

127 发动机舱后部整流罩

128 襟翼液压作动筒

129 襟翼操作线缆

130 左侧分裂式后缘襟翼

131 燃油放油管

132 副翼调整片

133 左布蒙皮副翼

134 副翼铰链操纵线缆

135 左编队灯

136 铝合金翼尖整流罩

137 左航行灯

138 翼板布蒙皮

139 可收起的着陆灯

140 机翼后部燃油油箱群［内侧60英制加仑（273升），中央57英制加仑（259升），外侧50英制加仑（227升）］

141 燃油加油口盖

142 机翼前部燃油油箱群［内侧52英制加仑（236升），中央55英制加仑（250升），外侧43英制加仑（195升）］

143 左侧火箭发射导轨

144 汽化器过滤空气进气口

145 进气线槽

146 左发动机滑油油箱

147 发动机部件设备

148 天线杆

149 装甲舱壁

150 无线电操作员舱

151 配电板

152 主机舱地板高度

153 炸弹舱应急浮囊（14个）

154 炸弹舱横向支撑梁

155 浮囊充气处

156 外侧炸弹舱门，开启状态

157 250磅（113千克）深水炸弹，机舱内最大载弹量5000磅（2273千克）

158 三个隔间的炸弹舱门

159 机内台阶

160 机舱热空气管

161 液压系统手泵

162 HT电池

163 座舱段主隔框

164 副驾驶的折叠座椅

165 滑动式座舱边窗面板

166 无线电设备架

167 飞行员座椅

168 风挡玻璃面板

169 座舱顶部玻璃

170 布里斯托尔大力士（Bristol Hercules）XVII 14缸分流活门双排星形发动机

171 螺旋桨减速器

172 汤恩德（Townend）排气集气环

173 德·哈维兰三叶型变距螺旋桨

174 螺旋桨桨毂整流罩

175 风挡玻璃清洗器管

176 仪表板

177 驾驶杆

178 座舱地板高度

179 机腹登机口

180 降落伞存放处

181 朝下的识别灯

182 侦察照相机

183 罗盘手持把手

184 方向舵脚蹬

185 机头舱构造

186 机头机炮手座椅

187 玻璃机头舱

188 手工操作的0.303英寸（7.7毫米）勃朗宁机枪

189 弹药箱

190 雷达扫探器驱动机构

191 ASV Mk III 雷达扫探器

192 机头雷达罩

193 前航行灯

"哈利法克斯"型轰炸机

在"哈利法克斯"系列机型中,"哈利法克斯"Mk-II型轰炸机是第一种大规模投产机型。该型机是在"哈利法克斯"Mk-I-3飞机的基础上发展而来,该型机的总产量高达1 977架,并于1942年重新命名为"哈利法克斯"B.Mk-II型轰炸机。B.Mk-II型轰炸机的初始生产机型为"哈利法克斯"B.Mk-II-1型,动力装置由4台发动机组成,此外,还配置了动力操纵"博尔顿·鲍"机顶炮塔,塔内安装两挺7.7毫米口径"勃朗宁"旋转式机枪。后来,设计人员又推出"哈利法克斯"B.Mk-II-1A型轰炸机,

1942年10月,汉德利·佩季公司对1架"哈利法克斯"B.Mk-II型轰炸机进行改进,将动力装置更新为4台布里斯托尔"大力士"星形活塞式发动机。安装该种发动机后,此架飞机就成为星形发动机驱

上图:在躺在挪威的霍克林根(Hoklingen)湖的水面下31年后,"哈利法克斯"MkII W1048飞机的残骸在1973年被打捞上来,现在展示在海登(Hendon)的英国皇家空军博物馆。该机隶属于第35中队,是当时奉命离开英国皇家空军Kinloss,去对德国的提尔皮茨(Tirpitz)战舰进行常规攻击的11架"哈利法克斯"飞机中的其中一架飞机。在攻击中,该机被高射炮击中,最后迫降在冰封的湖面上。

汉德利·佩季公司"哈利法克斯"B.KIII型轰炸机

类型:七座重型轰炸机　　原产国:英国

动力装置:4台1188千瓦布里斯托尔"大力士"Ⅵ或ⅩⅥ星形活塞式发动机

性能:最大平飞速度451千米/小时(高度4116米);实用升限7317米;标准航程3176千米

重量:空重19318千克;最大起飞重量29545千克

尺寸:翼展30.07米,后期为31.59米;机长21.74米;机高6.12米

武器装备:9挺7.7毫米口径"维克斯"K式机枪,载弹量6591千克

动H.P.61系列机型的原型机。在安装新式发动机后，该飞机发生了大规模变化，除了航程外，其他所有性能都得到了提高。

1943年7月，第一架B.Mk-Ⅲ型轰炸机进行了试飞，动力装置为4台"大力士"ⅩⅤA型发动机，每台额定功率1 615马力，驱动1台三桨恒速金属螺旋桨；尽管没有为发动机安装整流罩，但配置了长条形消焰排气管。此外，该机型采取的其他改进措施包括：配置H2S导航／攻击雷达，在机腹侧面枪架上安装1挺12毫米口径"勃朗宁"旋转式后射机枪。同早期机型相比，"哈利法克斯"B.Mk-Ⅲ型轰炸机性能有着显著的提高。此时，军方开始使用该机型实施此前认为的"哈利法克斯"系列轰炸机所难以对付的目标。"哈利法克斯"B.Mk-Ⅲ型轰炸机的总产量达2091架，汉德利·佩季公司以超高速度向军方交付该型轰炸机，用来替代正在对德作战的配置"隼"系列发动机的"哈利法克斯"早期机型。

在"哈利法克斯"系列机型发展过程中，下一种投产机型为"哈利法克斯"B.Mk-Ⅴ型，该机型在"哈利法克斯"B.Mk-Ⅱ型轰炸机基础上发展而来，大多数该型机配置了四桨螺旋桨。B.Mk-Ⅴ型轰炸机由费尔雷公司和鲁茨公司负责生产，总产量达904架。产品分为3种子机型，分别为"哈利法克斯"B.Mk-Ⅴ-1、B.Mk-Ⅴ-1（特种）和B.Mk-Ⅴ-1A型，基本与汉德利·佩季公司

左图：停放在英国某处机场的一架"哈利法克斯"B.Mk Ⅵ飞机，该机展示了一个比较微妙的机头艺术造型。从照片中可以看出，在发动机排气管后部的格雷夫利（Graveley）机舱加热系统管道。与在"哈利法克斯"B.Mk Ⅲ飞机上一样，所有的发动机，除了左外侧的发动机外，都把排气管安装到了右侧。飞机安装的大力神发动机火焰阻尼器的排气情况也表明了其良好的排放效果。

左图：在第二次世界大战中，同阿弗罗公司"兰开斯特"轰炸机一道实施大部分英国夜间轰炸攻击任务的机型为汉德利·佩季公司"哈利法克斯"轰炸机，该机型同"兰开斯特"一样均属于四发动机轰炸机。

生产的"哈利法克斯"B.Mk-II型轰炸机的分类相同。后来，相当一部分的B.Mk-V型轰炸机经过改装后开始实施空降、海上侦察以及气象侦察任务。此后，汉德利·佩季公司又继续推出了"哈利法克斯"B.Mk-VI型轰炸机，由汉德利·佩季公司与英国电气公司联合生产。1944年10月，第一架B.Mk-VI型轰炸机进行了首次试飞，该型机共生产了557架，它是在"哈利法克斯"B.Mk-IV型轰炸机的基础上推出的改良机型，用来对东南亚的日本实施打击。因此，该型机配置了"大力士"100型星形发动机，每台额定功率1 800马力，配置了安装过滤器的油料喷射汽化器，并对油料系统实施改进，将系统扩大并实施增压。后来，在制造过程中，由于"大力士"100型星形发动机的制造速度滞后于"哈利法克斯"B.Mk-VI型机身的制造速度，因此，最后有193架该型轰炸机按照"哈利法克斯"B.Mk-VII型的标准制造完成，配置了"大力士"ⅩⅥ型发动机。

右图：随着机背和尾部炮塔移除并且对以上位置的整流，"哈利法克斯"B.Mk VI飞机被改装成一架"哈利法克斯"C.Mk VIII专用运输机。机身下一个可拆卸的货架可以装载重达8000磅（3636千克）的货物，并且机身内也可以装载货物、旅客、伞兵或担架。

"斯特林"式轰炸机

第二次世界大战期间，肖特公司的"斯特林"式轰炸机是英国皇家空军轰炸机司令部所属部队装备的第一种四发动机重型轰炸机，而且，它也是英国以四发动机轰炸机开始设计并最终装备部队的唯一一种轰炸机。

1940年5月，第一架"斯特林"Mk-I型飞机进行了试飞，而投产后的首种机型即为斯特林Mk-I-1型。后来，肖特公司又推出了"斯特林"Mk-I-2型。最后，肖特公司推出了定型机型"斯特林"Mk-I-3型飞机，该型机配置了布里斯托尔公司设计的发动机舱，舱内安装有"大力士"ⅩI型星形发动机，驱动三桨恒速螺旋桨，起飞功率为1590马力（1169千瓦）；当飞机在最佳高度巡航飞行时，发动机提供的动力为1020马力（750.2千瓦）。

1940年8月，"斯特林"Mk-I型轰炸机开始向军方交付使用，该种初始机型交付总量为756架。首架军用"斯特林"飞机交付第7中队，并于1941年2月投入作战。1942年年底，军方将装备的Mk-I型轰炸机重新命名为"斯特林"B.Mk-I

肖特公司"斯特林"B.MK-Ⅲ型轰炸机

类型：七座重型轰炸机　　原产国：英国
动力装置：4台1214千瓦布里斯托尔"大力士"ⅩⅥ型星形活塞式发动机
性能：最大平飞速度432千米／小时（高度4421米）；实用升限5183米；标准航程3216千米
重量：空重21318千克；最大起飞重量31818千克
尺寸：翼展30.20米；机长26.59米；机高6.93米
武器装备：8挺7.7毫米口径"勃朗宁"机枪，载弹量6364千克

右图：肖特公司"斯特林"轰炸机是英国第二次世界大战期间第一种四发动机轰炸机，该机型后来用作运输机和滑翔机拖航飞机。

型。"斯特林"B.Mk-III型是在Mk-I-3型的基础上实施改进措施后发展而来的。从1943年起，B.Mk-III型开始向军方交付使用，共生产了875架。同阿弗罗公司的"兰开斯特"式轰炸机一样，B.Mk-III型配置了1座弗雷泽-纳什F.N.50型机顶炮塔，该炮塔产生的飞行阻力比F.N.7型炮塔更小；动力装置为4台"大力士"XVI型星形发动机，每台起飞功率为1635马力（1203千瓦）。此外，B.Mk-III型轰炸机配置了容量更大的油箱，同时还对飞机内部结构进行了调整，减少后机身窗口的数量。很快，"斯特林"B.Mk-III型轰炸机便取代了皇家空军4个"斯特林"中队此前装备的"斯特林"B.Mk-I型，并装备了其他9个中队。后来，"斯特林"式飞机转入实施空降及运输任务。

"兰开斯特"轰炸机

阿弗罗公司的"兰开斯特"轰炸机是第二次世界大战后期英国皇家空军实施夜间进攻的最成功、最著名的重型轰炸机。在第二次世界大战期间，该型机共生产大约7300架，但直到战争爆发后3个月才开始装备部队。

1941年10月，首架"兰开斯特"Mk-I型飞机制造完毕并投入试飞。1942年3月，上述飞机开始首次实施作战任务，此时，作战适用性试验也达到了高潮。

左图：一架阿弗罗公司"兰开斯特"轰炸机飞越英国上空。皇家空军将"兰开斯特"轰炸机投入使用后立即取得成功，该型机完全满足了军方夜间轰炸的各项需求。

在改进过程中，设计人员加固了飞机翼尖部分，并对机翼上表面做了进一步改良等。后来，该型机正式采取了下列改进措施：在机顶炮塔下边缘安装了精心设计的整流罩，以提高该突出部分的空气气流特征；此外，设计人员还为机顶炮塔设置了旋转禁止到达轨道，以防备机顶机枪击中本机机身，特别是飞机垂尾。从第5架飞机开始，在最初4个机翼油箱供油1710英制加仑（7773.7升）的基础上，通过使用扩大型标准油箱及在机翼外侧增设

上图：具有多用途和承载能力的"兰开斯特"轰炸机，很多都被改装成试验机。这架Mk II飞机被用于喷气发动机试验，其机背上巨大的进气口用于为梅特维克（Metrovick）F.2/1、4或4A涡轮喷气发动机提供进气，该发动机安装在该机的后机身。

副油箱等手段，使飞机携带的燃油总量增加到2154英制加仑（9792.1升）。

"兰开斯特"Mk-I型机一经使用便立即获得成功。从开始装备部队时起，使用过程充分证明了其所有重要部分的协调性都非常高。阿芙罗公司还推出了33架配置"隼"24型发动机的"兰开斯特"B.Mk-I型（特种用途）改型机，该型机可以携带重达9979千克的"大满贯"跨音速突防炸弹，其武器舱门也相应实施了改进。此外，为了减轻飞机重量，还应用整流罩替代了前炮塔与机顶炮塔。"兰开斯特"Mk-I型轰炸机的总产量高达3434架，其中，从1942年晚些时候起，直到第二次世界大战结束，该机型标准为"兰开斯特"B.Mk-I型。

"兰开斯特"Mk-III型飞机与"兰开斯特"Mk-I完全相当，只不过配置了4台美国普惠公司生产的"隼"式发动机组成。"兰开

右图：英国皇家空军第617中队"兰开斯特"B.Mk-I（特种）轰炸机携带的"大满贯"炸弹，由支架进行支撑，配置1台向后旋转的驱动器。

左图：这是唯一的一架由英国纪念飞行战役的皇家空军还保持飞行状态的"兰开斯特"飞机。该机的基地设在英国皇家空军的林肯郡（Lincolnshire）科宁斯（Coningsby）基地，该机喷涂着其真实的序列号PA474，但是自从其1973年加入飞行以来，已经喷涂过多种不同的涂装色。

右图：为了使其轰炸机飞行员能够进行自我防卫，英国皇家空军在"兰开斯特"安装了快速电动炮塔，使得除机腹处的一个盲点外，可以对任何其他角度的敌机开火，因而对于一架战斗机而言这并不是一架容易对付的飞机。

斯特"B.Mk III型轰炸机共生产了3030架，重量与性能指标与对应的"兰开斯特"Mk-I型轰炸机相当。后期，该机型还采用了一系列改进措施，全部拆除了F.N.64机腹炮塔，应用F.N.79型或F.N.150型炮塔取代了F.N.50型机顶炮塔，应用F.N.121型或F.N.82型炮塔替代了F.N.20型机尾炮塔。改进后的机顶炮塔配置了4挺7.7毫米口径"勃朗宁"机枪，机尾炮塔内配置2挺12.7毫米口径"勃朗宁"机枪。

后来，阿芙罗公司推出了"兰开斯特"Mk-IV型轰炸机的机型设计，该型轰炸机配置4台"隼"85型发动机，每台额定功率为1219千瓦，各驱动1台四桨螺旋桨。在Mk-III型的基础上，阿芙罗公司又推出了"兰开斯特"B.Mk VI型轰炸机，安装了同前者相同的动力装置，同时保持机身布局不变，只是撤除了前炮塔与机顶炮塔，在拆除炮塔后所留的

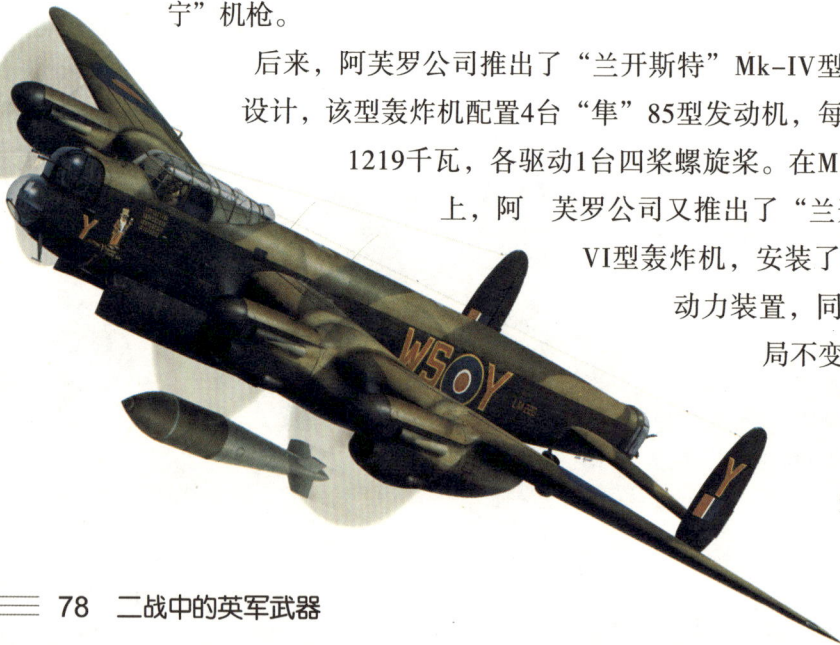

缝隙处配置了整流罩。

B.Mk VII型轰炸机是在"兰开斯特"Mk-III型的基础上安装了"马丁"机顶炮塔改装而成，该种炮塔由动力控制，配置了两挺12.7毫米口径"勃朗宁"旋转式机枪，炮塔位置前移，用来取代Mk-III型配置的"弗雷泽—纳什"炮塔。

"兰开斯特"Mk I 飞机

动力装置：四台941千瓦劳斯莱斯梅林XX或1074千瓦梅林22，或1206千瓦的梅林24液冷式，12缸，单级增压，V型活塞式发动机

螺 旋 桨：四个德·哈维兰的5140或者纳什KelvinatorA5/138的液压自动三叶型、顺桨/恒速螺旋桨

重　　量：空重16818千克；不加装备18636千克；最大起飞重量30909千克；机内总载油量9792升；最大载弹量10000千克

性　　能：最大飞行速度在4573米高度为440千米/小时

巡航速度：在4573米高度为320 千米/小时

爬升速度：爬升到6098米高度用时41分36秒

升　　限：最大重量的升限为6098米；起飞滑跑距离（到15米）1417米；着陆滑跑距离（从15米）915米

航　　程：（挂一个副油箱和3182 千克负载）4048 千米；（用标准油箱和4545 千克负载）1664 千米

防御武器：早期生产型9挺7.7毫米勃朗宁机枪（一个在F.N.64机腹炮塔，在F.N.5前炮塔和F.N.50机身上部炮塔各有两个，在F.N.20尾部炮塔有四个）

外形尺寸：翼展　31.09米；　　　　　　机翼面积　120.77平方米；

　　　　　　机高到尾翼上部为　6.25米；　到尾翼下部为　6.20米；

　　　　　　起落架主轮距　7.24米

"飓风"式 Mk-I 型战斗机

1934年，罗尔斯－罗伊斯公司生产的ＰV.12型发动机获准安装在一种新型单翼战斗机上，这架飞机是由霍克公司研制的"愤怒"式单翼机，后被称为"飓风"式战斗机。霍克公司"飓风"式是英国第一架新型单翼战斗机，采用罗尔斯－罗伊斯公司的"隼"式发动机，安装8挺0.303英寸（7.7毫米）口径的机枪。英国皇家空军第1战斗机中队指挥员拉尔夫·索利领导了一场运动，促使新型单

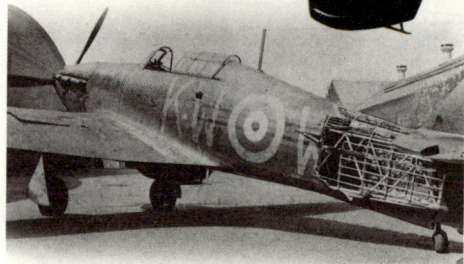

左图：霍克公司的"飓风"式战斗机抗毁能力很强，这是被德国20毫米炮弹击中后的飞机。

翼战斗机"喷火"式和"飓风"式安装了8挺0.303英寸（7.7毫米）口径机枪。这种飞机是根据空军部设定的F.36/34号标准，在悉尼·肯姆的带领下研制的。该机型采用1台990马力（728千瓦）"隼"式C型发动机，其原型机于1935年11月6日进行首飞，1936年3月进行服役试验。

1941年9月，两支装备霍克公司"飓风"式战斗机的皇家空军中队抵达苏联北部。5周后，他们把24架飞机交给了苏联。根据计划，截至1942年年底，英国将向苏联空军交付大约2000架"飓风"战斗机，这24架飞机便是其中的第一批。1942年4月，皇家空军"飓风"式战斗机参加了保卫锡兰的战斗。

霍克公司的"飓风"式 Mk-I 型战斗机

机型：单座战斗机

原产国：英国

动力装置：1台757.6千瓦罗尔斯－罗伊斯公司的"隼"
式III型12缸V字形发动机

性能：最大时速518千米

重量：空重2311千克；最大起飞重量3028千克

尺寸：翼展12.19米；机长9.55米；机高4.07米

武器：机翼安装1挺7.7毫米考特－勃朗宁式固定机枪

上图：在为作战中队服役期间，早期的生产型"飓风"Mk I飞机经常发现他们被安排进了训练部队，这就是位于哈拉温顿（Hullavington）的帝国中央飞行学校（Empire Central Flying School）。这架没有武装的"飓风"Mk IA飞机［与该机在一起的另两架飞机是喷火式（Spitfire）Mk IIA飞机］在1942年隶属于帝国中央飞行学校（ECFS）。

右图：第247中队是装备配备有航炮的Mk IIC型飞机的5个英国皇家空军中队之一，在法国和低地国家作战。

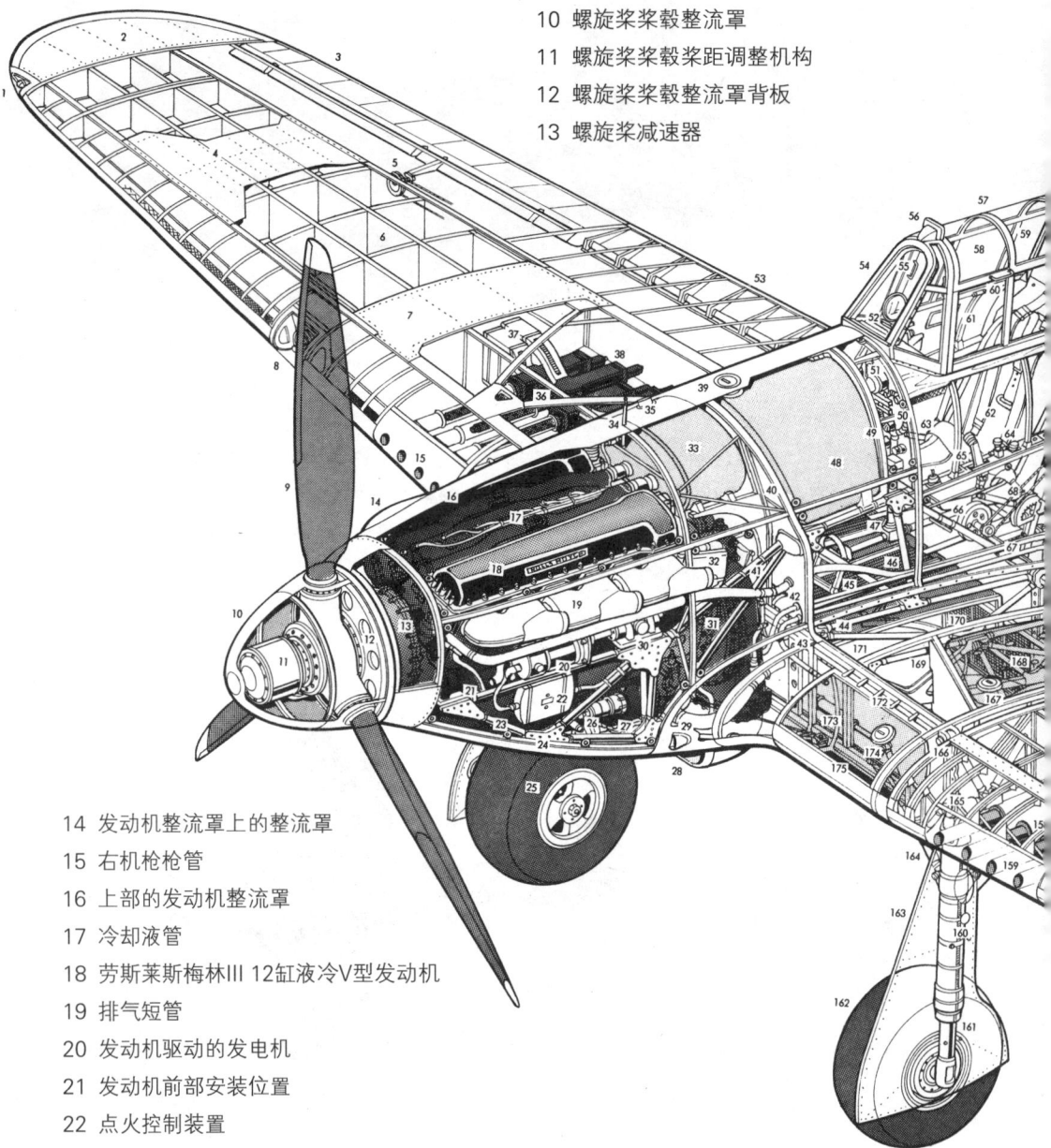

"飓风" Mk I 飞机

主要部件

1 右航行灯
2 翼尖整流罩
3 布蒙皮副翼

4 铝合金机翼蒙皮壁板
5 副翼铰链操纵
6 右外侧翼板
7 内侧抗扭翼盒大面积蒙皮壁板
8 右着陆灯
9 罗特尔（Rotol）三叶型螺旋桨
10 螺旋桨桨毂整流罩
11 螺旋桨桨毂桨距调整机构
12 螺旋桨桨毂整流罩背板
13 螺旋桨减速器

14 发动机整流罩上的整流罩
15 右机枪枪管
16 上部的发动机整流罩
17 冷却液管
18 劳斯莱斯梅林III 12缸液冷V型发动机
19 排气短管
20 发动机驱动的发电机
21 发动机前部安装位置
22 点火控制装置

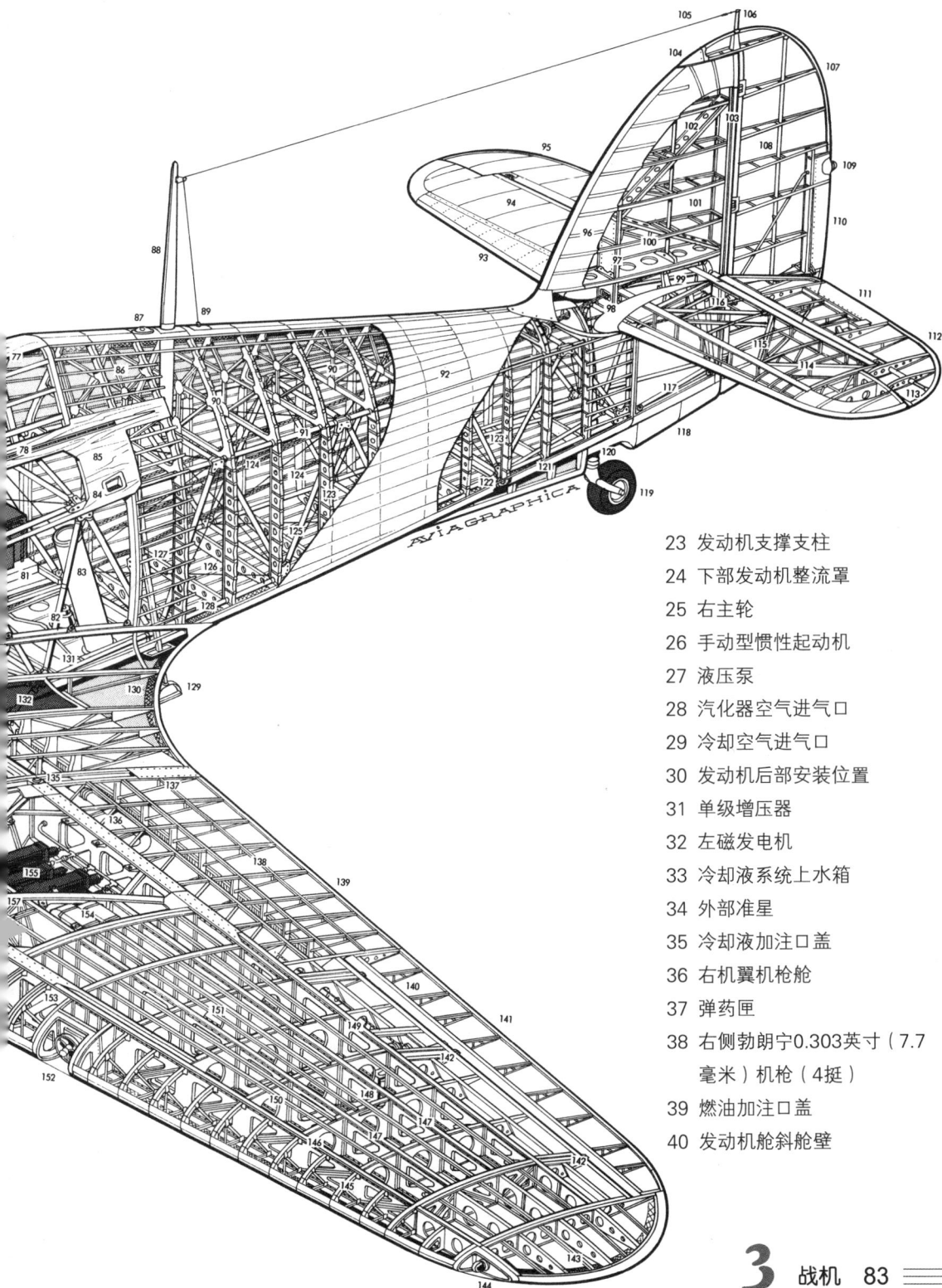

23 发动机支撑支柱

24 下部发动机整流罩

25 右主轮

26 手动型惯性起动机

27 液压泵

28 汽化器空气进气口

29 冷却空气进气口

30 发动机后部安装位置

31 单级增压器

32 左磁发电机

33 冷却液系统上水箱

34 外部准星

35 冷却液加注口盖

36 右机翼机枪舱

37 弹药匣

38 右侧勃朗宁0.303英寸（7.7
   毫米）机枪（4挺）

39 燃油加注口盖

40 发动机舱斜舱壁

41 发动机后部安装支柱

42 气动系统空气瓶（机枪发射用）

43 中央段贯穿机翼翼梁

44 较低的大梁/翼梁接合处

45 方向舵脚蹬

46 飞行员的踩脚板

47 驾驶杆联动装置

48 机身（备用）燃油箱，容量28英制加仑
（127升）

49 燃油箱舱壁

50 驾驶杆把手

51 仪表板

52 反射式瞄准具

53 右侧分裂式后缘襟翼

54 防弹风挡面板

55 座舱盖内部操纵装置

56 后视镜

57 滑动的座舱盖盖板

58 有机玻璃座舱盖面板

59 座舱盖结构

60 座舱盖外部操纵装置

61 右舷"爆破"紧急出口面板

62 安全带

63 座椅高度调节杆

64 氧气供应开关

65 发动机油门杆

66 升降舵调整片操纵手轮

67 到散热器的滑油管

68 散热器风门片操纵杆

69 座舱段管状机身结构

70 冷却液系统管道

71 飞行员的氧气瓶

72 登机台阶

73 座椅背部装甲

74 飞行员的座椅

75 带装甲的头枕

76 翻转防坠毁塔支柱

77 座舱盖后部整流罩构造

78 座舱盖滑动导轨

79 蓄电池

80 TR 9D无线电发射机/接收机

81 无线电设备台架

82 朝下的识别灯

83 曳光弹发射管

84 把手

85 胶合板蒙皮壁板

86 机背整流罩桁条

87 上部识别灯

88 天线杆

89 天线接线柱

90 木质机背段构型

91 机身上部大梁

92 后机身布蒙皮

93 铝合金水平安定面前缘

94 右侧布蒙皮水平安定面

95 布蒙皮升降舵

96 铝合金垂尾前缘

97 前垂尾安装轴

98 水平安定面梁附件接合处

99 升降舵铰链操纵

100 垂直安定面肋构造

101 垂直安定面布蒙皮

102 对角线支撑支柱

103 尾支柱

104 方向舵配重

105 副翼操纵线缆

106 后部天线杆

107 布蒙皮方向舵

108 铝合金方向舵结构

109 尾部航行灯

110 方向舵调整片

111 升降舵调整片

112 左升降舵肋构造

113 升降舵突角补偿

114 左水平安定面肋构造

115 对角线梁支撑支柱

116 方向舵操纵杆

117 尾部操纵检修面板

118 机腹尾轮整流罩

119 固定的转向尾轮

120 道蒂（Dowty）减震器尾轮支柱

121 机腹垂直安定面结构

122 升降杆插口

123 铝合金横向隔框

124 尾部操纵线缆

125 后机身管状结构

126 对角线支撑

127 横向桁条

128 机身下部大梁

129 可拉出来的登机踏板

130 翼根后缘整流带

131 机腹检修舱口

132 通道

133 襟翼液压作动筒

134 内侧翼板后梁

135 外侧翼板梁附件接合处

136 机枪热空气管道

137 翼板接合处盖条

138 襟翼护罩肋

139 左分裂式后缘襟翼

140 铝合金副翼翼肋构造

141 左侧布蒙皮副翼

142 副翼铰链

143 翼尖整流罩构造

144 左航行灯

145 前缘翼肋

146 前梁

147 中间梁

148 机腹静压头

149 后梁

150 铝合金机翼翼肋构造

151 机翼桁条

152 左着陆灯

153 内侧双网状加强梁段

154 外侧弹药箱，每一个弹药箱装弹338发

155 左勃朗宁0.303英寸（7.7毫米）机枪（4挺）

156 内侧弹药箱，每一个装弹324和338发

157 对角线机枪舱肋

158 机枪枪管排焰管

159 机枪枪口

160 主起落架支柱支撑

161 油气式减震支柱

162 左主轮

163 主轮支柱整流罩

164 侧锁支柱

165 主起落架支柱固定枢轴

166 外侧翼板前梁螺栓连接

167 燃油加注口盖

168 左机翼主燃油箱，容量34.5英制加仑（157升）

169 中央段支撑结构

170 机腹滑油和冷却液散热器

171 主起落架轮舱

172 滑油箱附件

173 主轮液压作动筒

174 滑油加注口盖

175 前缘滑油箱，容量9英制加仑（41升），仅左侧有

"台风"飞机

　　霍克"台风"（Typhoon）飞机于1940年进行首飞，它是作为Fw 190的对手出现的，它速度足够快，却不够灵活，而且发动机故障频发。直到战争后期作为低空近距离支援飞机，"台风"才真正发挥作用。

　　"台风"是极好的枪炮平台，能携带并精确投放重型炸弹或发射空对地火箭弹。

　　"台风"飞机辉煌战功是在1944年8月的第3周。当时，德军在法国南部幸存的部队接近阿弗郎什。这些部队包括第5装甲军、第7军和"埃伯巴哈"装甲集团。主要来自皇家空军第83大队的"台风"飞机发射了火箭弹、炮弹和炸弹，一直到几乎没有一辆德军车辆能够运行为止。

　　一旦战争结束，"台风"飞机可靠性的缺陷意味着它将很快退役。只有一架"台风"完好保存至今。

右图："台风"在由最初的截击机设计发展改进成为第二次世界大战中最好的近距离支援飞机前，几乎被取消研制。"台风"拥有一个好斗的"狮子鼻"、4门长管航炮、"佩刀"型发动机，作为战斗轰炸机给敌人带来了严重的灾难。在欧洲西北部战场上空，大群的"台风"飞机在战争史上创造了不可磨灭的战绩。

"台风" Mk IB 型飞机

类型：单座战斗轰炸机

发动机：1台1603千瓦的纳皮尔"佩刀"IIA型22缸直列式活塞发动机

最大航速：在6002米高度时为661千米/小时

航程：970千米；带有副油箱1491千米

实用升限：10701米

重量：空机重4000千克；满载重6022千克

武器：4门20毫米"依斯帕诺"航炮，每门备弹量140发；两枚炸弹，每枚重达455千克；大量8枚或12枚重为27千克的火箭弹或2个205升的副油箱

外形尺寸：翼展　12.67米　　机长　9.73米　　机高　4.52米　　机翼面积　25.90平方米

"暴风" 战斗机

　　"暴风"飞机作为著名的"台风"战斗机的改进型，采用了不同的机翼设计和更强大的动力。皇家空军飞行员的一份早期飞行测试报告说，"暴风"是"一种机动灵活，飞行舒适，没有大的操纵缺点的飞机"。它是一种坚固且动力强大的战斗机，低空飞行速度要比梅塞施米特Bf 109和福克尔–沃尔夫Fw 109飞机快出72千米/小时（45英里/小时）。在战争中，飞行员们发现"暴风"飞机能够承受近乎毁坏性的打击，而仍然能继续飞行。

　　"暴风"飞机于1944年4月开始服役，在2个月之后的诺曼底登陆行动中发挥了积极作用。在与V–1飞弹的对抗之中，皇家空军总共摧毁了1771枚V–1飞弹，"暴风"飞行员击落了638枚。"暴风"飞机支援了盟军在欧洲的推进，在与梅塞施米特Me 262喷气战斗机的空战中取得了胜利，击落了至少11架。

　　战后，"暴风"V型飞机继续在英国占领军空军中队中服役，直到它们被"暴风"Mk II型飞机和"吸血鬼"飞机所取代。耐热且动力更强大的"暴风"VI型飞机也由皇家空军在中东使用。采用"人马座"发动机的"暴风"Mk VI型飞机于1946年开始服役，由基地设在德国、香港、印度和马来半岛的飞行中队驾驶，直到1951年被"大黄蜂"飞机取代。印度和巴勒斯坦空军也都曾使用过"暴风"Mk II型飞机。

下图：霍克"暴风"是强大的战斗机。紧跟在较为著名的"台风"之后，霍克公司研制了大型的强有力的"暴风"战斗机。它拥有巨大的发动机、气泡式座舱和良好的性能，在欧洲战场上被证明是盟军的利器。这种优秀战斗机经受了许多的挑战，最让人难忘的是它拦截并击落在1944—1945年间攻击英国的V—1飞弹。

"暴风" Mk V 型飞机

类型：单座战斗机和战斗轰炸机

发动机：1台1740千瓦的布里斯托尔"人马座"Mk V型24缸活塞式发动机（Mk II型飞机）；
　　　　1台1603千瓦奈培"佩刀"IIA/B型24缸H型活塞式发动机（Mk V型飞机）

最大航速：在5640米高度时为680千米/小时

航程：1184千米

实用升限：11128米

重量：空机重4082千克；最大起飞重量6142千克

武器：4门20毫米航炮和2枚227千克炸弹，或2枚455千克炸弹或8枚27千克火箭弹

外形尺寸：翼展　12.50米　　机长　10.26米
　　　　　机高　4.90米　　机翼面积　28.06平方米

"角斗士"式战斗机

"角斗士"式战斗机是英国参加第二次世界大战初期战斗的老式双翼战斗机。1934年9月，第一架"角斗士"战斗机进行首飞，英国空军在1935年向格罗斯特公司定购该机。尽管是双翼飞机，但"角斗士"飞机在第二次世界大战早期阶段曾广泛地参与作战行动。当然，其结果也仅是更加突出了它的陈旧性。在挪威的唯一一个"角斗士"飞机中队和驻扎在法国的两个中队，在1940年5月和6月的德国入侵期间都几乎被完全消灭。

其他的"角斗士"飞机中队在1939年和1940年曾在北非、希腊和巴勒斯坦作战。许多飞机都是由澳大利亚和南非部队使用，且有少数飞机被转交给埃及和伊拉克。另外有36架该型飞机被提供给中国，这些飞机于1938年投入了对日本的作战之中。

海军"角斗士"衍生型飞机曾装载在"勇敢"号、"鹰"号和"光荣"号航空母舰上服役。

尽管是双翼飞机，但"角斗士"飞机在第二次世界大战早期阶段曾广泛地参与作战行动。当然，其结果也仅是更加突出了它的陈旧性。在挪威的唯一一个"角斗士"飞机中队和驻扎在法国的两个中队，在1940年5月和6月的德国入侵期间都几乎被完

格罗斯特公司的"角斗士"式战斗机

机型：单座型双翼战斗机　　原产国：英国
动力装置：1台830马力"墨丘利"式ⅠX型9缸星形发动机
性能：最大时速405千米
重量：空重1636千克；最大起飞重量2087千克
尺寸：翼展9.83米；机长8.36米；机高3.22米
武器：前机身两侧安装2挺7.7毫米口径"勃朗宁"式机枪；机翼安装2挺7.7毫米口径机枪

全消灭。

其他的"角斗士"飞机中队在1939年和1940年曾在北非、希腊和巴勒斯坦作战。许多飞机都是由澳大利亚和南非部队使用，且有少数飞机被转交给埃及和伊拉克。另外有36架该型飞机被提供给中国，这些飞机于1938年投入了对日本的作战之中。

海军"角斗士"衍生型飞机曾装载在"勇敢"号、"鹰"号和"光荣"号航空母舰上服役。意大利于1940年6月加入战争时，有少数几架"角斗士"飞机在马耳他基地。在接下来的几个月中，马耳他岛仅有的用于对付意大利的防御力量就只有4架"角斗士"飞机。

"喷火"式战斗机

"喷火"式Mk V型战斗机1941年3月开始服役，是以Mk-I型战斗机机身为基础改进而成，属于"喷火"式战斗机的主要生产型，总共生产了6479架。尽管BF-109型战斗机具有良好的高空作战优势，但"喷火"式战斗机则比其更快、更灵活。在1942年1月的北非沙漠中，第145中队是第一支装备"喷火"式战斗机的中队，大多数"喷火"式Mk V型战斗机装备2挺20毫米（0.78英寸）口径机

超马林公司的"喷火"式 Mk-IX 型战斗机

机型：单座战斗机　　原产国：英国
动力装置：1台1151千瓦罗尔斯-罗伊斯公司的"隼"式61型12缸V字形发动机
性能：最大时速653千米
重量：空重2550千克；最大起飞重量4318千克
尺寸：翼展11.23米；机长9.46米；机高3.86米
武器：4挺7.7毫米口径"勃朗宁"式机枪；2门20毫米口径"伊斯拜诺"式机炮

炮和4挺机枪，能够对付敌机的装甲板防护；Mk V型战斗机由1台罗尔斯-罗伊斯公司的"隼"式45型发动机提供动力，功率1415马力（1040.7千瓦），而Mk-II型战斗机则安装1150马力（845.8千瓦）的"隼"式XII型发动机。Mk V型战斗

上图：起初建造为一架"喷火"式Mk I飞机，后来升级为Mk VB标准型飞机，这架R6923飞机在1941年6月22日被一架Bf 109飞机击落。虽然在空战中，飞行员的技能往往是取胜的决定性因素，但是在第二次世界大战多数时间里，"喷火"式飞机是能与纳粹德国的Bf 109飞机相匹敌的几种飞机之一。

机实质上是一款折中性飞机，当时，空军参谋部急需一款性能优于最新型的"梅塞斯米特"式BF-109F战斗机，"喷火"式Mk V型战斗机的到来很及时，因为当1941年5月德国空军开始接收"梅塞斯米特"式BF-109F型战斗机之际，Mk V型飞机所存在的技术问题已经得到解决。然而，"喷火"式Mk V型战斗机未能满足战斗机司令部所急需的性能优势。在高空中进行作战时，该型飞机很多方面都比BF-109F型战斗机差。同年秋天，英国皇家空军几支Mk V型战斗机中队遭受了重大损失。

下图：由于Mk VC飞机的结构得到加强，从而使该机成为Mk V型机中唯一的一种能够挂载炸弹的飞机。

"蚊"式战斗轰炸机

　　"蚊"式战斗轰炸机,是第二次世界大战中设计最成功的飞机之一。尽管该种飞机被设计成昼间轰炸机,却拥有着很快的速度,能够神不知鬼不觉地突破敌人防线。"蚊"式可能是第二次世界大战中最有用的盟军飞机:战斗机、轰炸机、夜间战斗机、攻击机、鱼雷轰炸机和运输机,这些都仅仅是德·哈维兰德公司的"蚊"式飞机所担负任务的一部分,而且都取得了奇迹般的成功。"蚊"式飞机最令人印象深刻的是它大部分由木头制造。实际上,英国皇家空军最初几乎忽视了它,但它却成为最有价值的飞机之一。

　　当德·哈维兰德公司私下向皇家空军建议研制一种快速双引擎双座轰炸机时,却得到了冷淡的反应。但是由于"蚊"式性能杰出,因而顺利进入了生产。

德·哈维兰公司的"蚊"式 NF.Mk.II

机型:双座夜间战斗机　　原产国:英国
动力装置:2台1029.7千瓦罗尔斯−罗伊斯公司的"隼"式21型12缸V字形发动机
性能:最大时速592千米
重量:空重6500千克;最大起飞重量9091千克
尺寸:翼展16.51米;机长13.08米;机高5.31米
武器:4挺7.7毫米口径"勃朗宁"式机枪;4门20毫米口径"伊斯拜诺"式机炮

几乎有48种型号的"蚊"式飞机执行了每一种战时任务，包括在战线后方迅速撤回谍报人员到在空中拍摄敌国目标等任务。"蚊"式飞机在整个战争中一直持续不断地对特殊目标进行精确轰炸，如法国亚眠监狱、海牙的盖世太保司令部和V-1飞弹的发射场等。每一次任务中，"蚊"式飞机都显示了其独特的作战能力，即快速出击、猛烈打击 和干净利落地逃离。

在战后的数年中，有超过一打以上的外国空军部队使用了"蚊"式飞机。

上图：在整个战争过程中，"蚊"式轰炸机沿海岸线肆虐德国航运业，给德国造成了严重破坏，这些攻击一般发生在公海上或他们的码头上。大多数情况下是多达34架"蚊"式轰炸机攻击同一个目标。照片中所示的是第143中队的一架"蚊"式FB.Mk VI轰炸机，在1945年4月4日正在对航行在挪威桑德峡湾（Sande Fjord）的舰艇进行攻击，这次攻击没有使用机载大炮和火箭弹。在这次攻击中，有5艘敌舰被攻击起火。

上图：英国皇家空军岸防司令部第143中队的"蚊"式FB.VI型战斗机。在第二次世界大战期间，"蚊"式战斗机各方面表现都很突出，包括作为夜间战斗机也不例外。

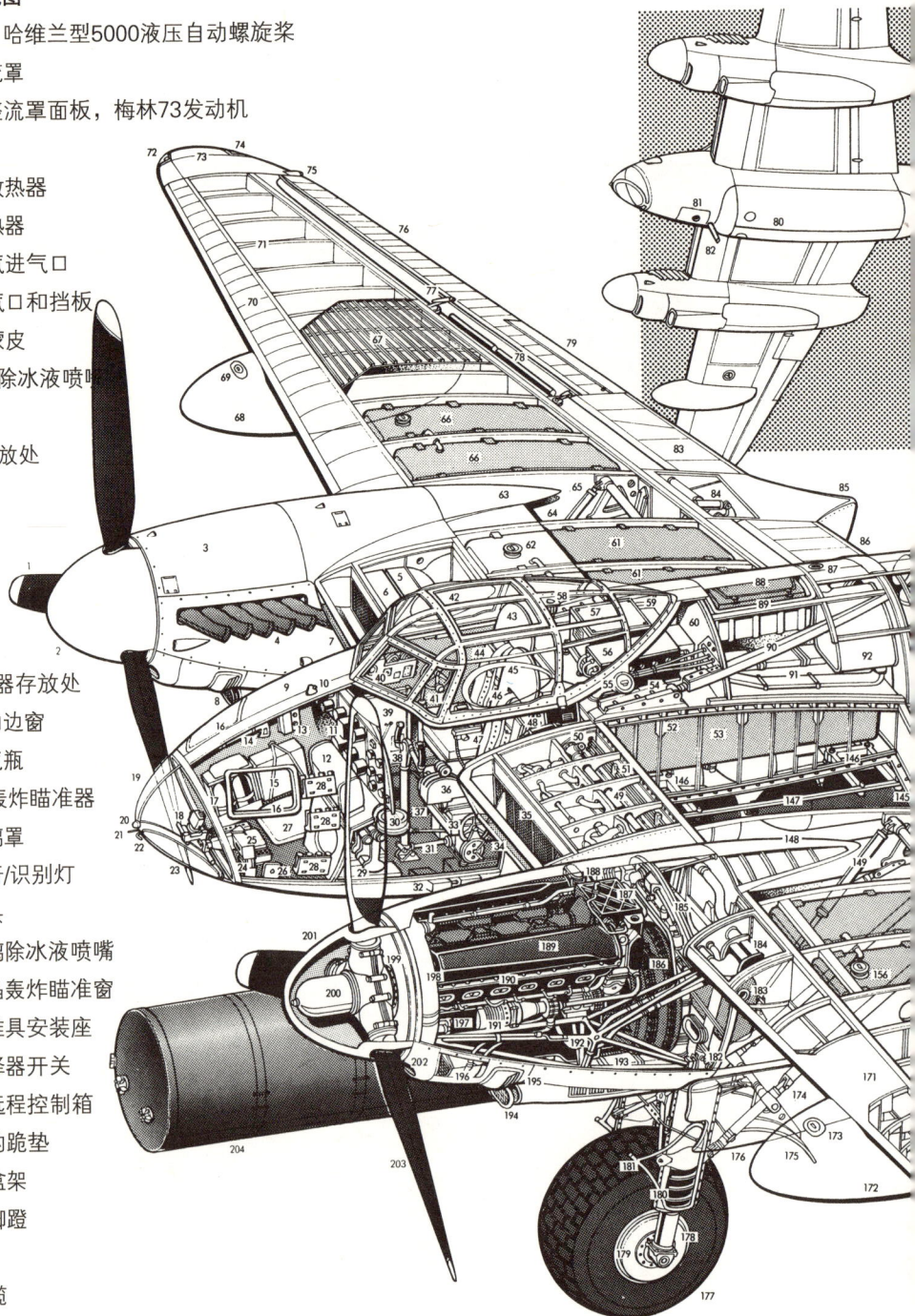

主要部件剖视图

1 三叶型德·哈维兰型5000液压自动螺旋桨

2 螺旋桨整流罩

3 右发动机整流罩面板，梅林73发动机

4 排气短管

5 右舷滑油散热器

6 冷却液散热器

7 散热器空气进气口

8 汽化器进气口和挡板

9 机身头部蒙皮

10 风挡玻璃除冰液喷嘴

11 仪表板

12 降落伞存放处

13 接线盒

14 消防斧

15 SYKO仪器存放处

16 机头舱的边窗

17 左侧氧气瓶

18 Mk XIV轰炸瞄准器

19 机头玻璃罩

20 前部航行/识别灯

21 温度探头

22 风挡玻璃除冰液喷嘴

23 光学平晶轰炸瞄准窗

24 轰炸瞄准具安装座

25 炸弹选择器开关

26 照相机远程控制箱

27 轰炸员的跪垫

28 信号枪盒架

29 方向舵脚蹬

30 罗盘

31 操纵线缆

32 氧气系统调节器机构
33 升降舵调整片手轮
34 左散热器冲压空气进气口
35 滑油和冷却液散热器
36 发动机油门杆
37 机腹侧部入舱口
38 驾驶杆手轮
39 可折叠的作图工作台
40 风挡面板
41 后缘的空中绞车
42 座舱顶的逃生舱口
43 座椅靠背钢板
44 领航员/轰炸员座椅
45 可观察后方视野的水泡型整流罩
46 飞行员座椅
47 对讲机插座

48 手提式灭火器
49 机舱加压和加热空气管道
50 非回风阀
51 发动机操纵线系
52 机翼根部翼肋
53 中段油箱（两个），每一个的容量都为68英制加仑（309升）；左侧的46英制加仑（209升）和右侧的47.5英制加仑（216升）油箱可带4000磅（1818千克）的载弹量
54 机翼上表面附件接头
55 中心油箱加油口盖

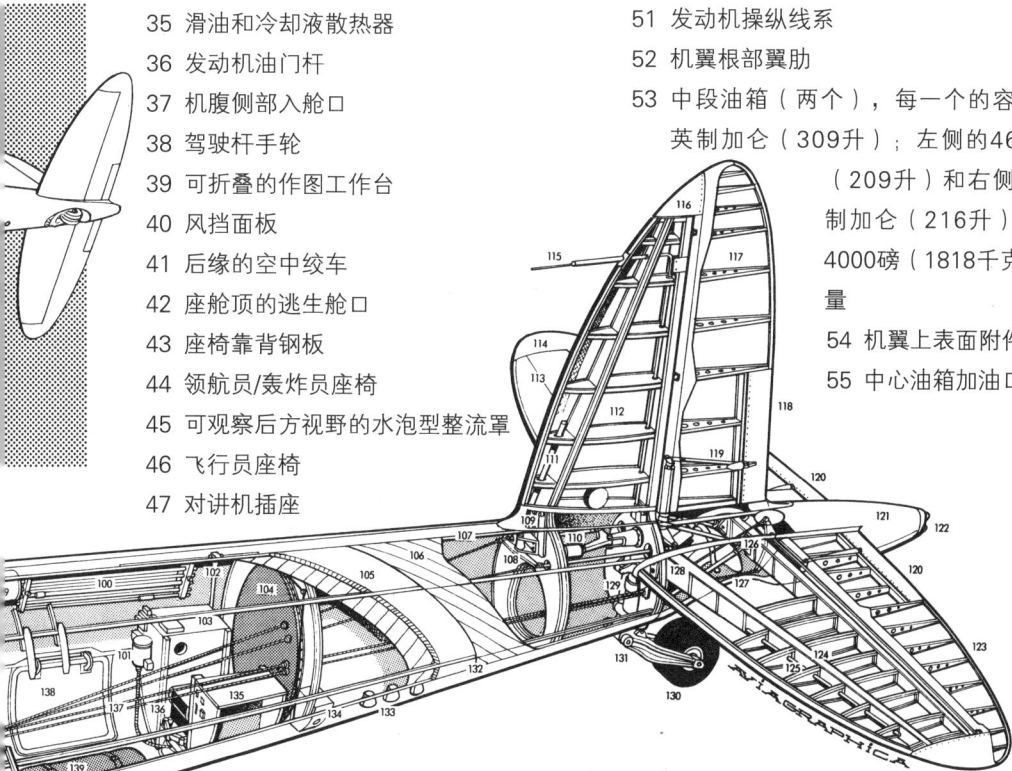
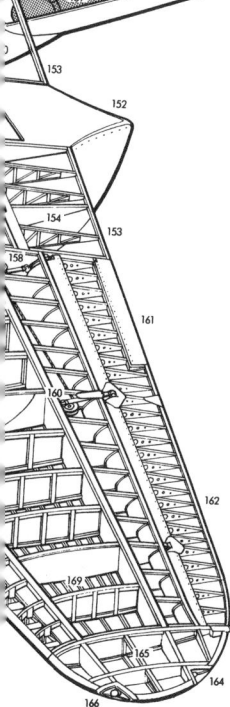

56 R-5083接收器
57 IFF发射器/接收器
58 信号枪发射孔
59 座舱后部玻璃窗
60 后部增压隔舱
61 右内侧油箱，内段容量78英制加仑（355升），外段容量66英制加仑（298升）
62 燃油加油口盖
63 发动机短舱整流罩
64 右主起落架舱
65 液压收放作动筒
66 外侧油箱，容量：内段34英制加仑（155升），外段24英制加仑（109升）
67 机翼桁条

68 右辅助油箱，容量50英制加仑（227升）
69 燃油加油口盖
70 胶合板前缘蒙皮
71 机翼上方的蒙皮镶板，双胶合板夹层结构
72 右航行灯
73 翼尖整流罩
74 编队灯
75 树脂灯
76 右副翼
77 副翼操纵铰链
78 质量配重块
79 副翼调整片
80 显示带鼓包的（容积增加）的炸弹舱门的底面视图

上图：由于该机在德国上空不用护航就可以作为高速昼间轰炸的先锋使用，"蚊"式B.Mk IV的系列II受到了其接收中队极大的热情接待。这其中第一个接收该机的中队是第105中队，图中的这些飞机就属于该中队。

156 燃油加油口盖
157 可收起的着陆灯
158 副翼调整片操纵线缆
159 后梁
160 副翼操纵铰链
161 副翼调整片
162 铝制副翼构造
163 树脂灯
164 左编队灯
165 可拆卸翼尖整流罩
166 左航行灯
167 前缘前部翼肋
168 前梁，盒形梁构造
169 机翼下表面蒙皮/桁条面板
170 机翼翼肋构造
171 胶合板前缘蒙皮，布蒙皮
172 左辅助油箱，容量50英制加仑（227升）
173 燃油加油口盖
174 主起落架后支柱
175 挡泥板
176 主起落架舱门
177 左主轮
178 主轮支柱支撑
179 气压制动盘
180 橡胶压缩块减震器

181 弹簧式舱门导向装置
182 主起落架固定支点
183 发动机滑油箱，容量16英制加仑（73升）
184 机舱加热器
185 防火舱壁
186 两级增压器
187 中冷器
188 海伍德（Heywood）压缩机
189 劳斯莱斯梅林72液冷12缸V型发动机
190 排气口
191 发电机
192 发动机支架
193 汽化器的空气进气道
194 进气口防护装置
195 中冷器散热器排气管
196 中冷器散热器
197 发动机安装部件
198 冷却集气箱
199 螺旋桨整流罩装甲背板
200 螺旋桨桨距调整机构
201 螺旋桨整流罩
202 中冷器散热器进气口
203 左侧的三叶型德·哈维兰液压自动螺旋桨
204 4000磅（1818千克）的HC炸弹

"阿尔伯马尔"飞机

　　首架"阿尔伯马尔"（Albemarle）飞机于1939年首飞，因为在"阿尔伯马尔"飞机研制的最初几年期间，军用飞机尤其是轰炸机设计发展非常快，当"阿尔伯马尔"生产出来时，已经过时了，于是，有人发现它用作英国特种部队的运输和滑翔机拖曳机更好。1943年盟军攻入西西里，"阿尔伯马尔"飞机被用来向战场拖曳载满士兵的滑翔机。

　　1944年6月"霸王行动"中，四个中队的"阿尔伯马尔"飞机拖曳着"霍莎"式滑翔机，在第一时间将盟军空降部队运至了法国。在同一年的晚些时候，在进攻位于荷兰阿纳姆的莱茵河大桥行动中，有两个中队的该型飞机担负了滑翔

"阿尔伯马尔" ST.Mk V 型飞机

类型：特种部队运输机

发动机：2台1169千瓦的布里斯托尔·海克力斯XI式星形活塞发动机

最大航速：在3201米高度时为422千米/小时

航程：2080千米

实用升限：5488米

重量：空机重6800千克；最大起飞重量16556千克

武器：4挺安装在波尔敦·保罗炮塔内的7.7毫米口径机枪，或2挺位于机腹部的7.7毫米机枪

外形尺寸：翼展　23.47米

　　　　　机长　18.26米

　　　　　机高　4.75米

　　　　　机翼面积　74.65平方米

机拖曳任务。

　　预料中的轻合金短缺并没有发生，而英国的飞机制造工厂也大多安然无恙地躲过了纳粹德国的攻击。因此，"阿尔伯马尔"飞机的"尝试"并没有取得多么重大的意义。

　　苏联曾经暗示对"阿尔伯马尔"飞机的发动机感兴趣，并考虑在今后仿制"阿尔伯马尔"，苏联是除英国外唯一使用该飞机的国家。

　　在制造了1060架订单中的602架之后，"阿尔伯马尔"飞机于1944年12月停产。

下图：1942年，"阿尔伯马尔"飞机首次配属英国皇家空军第295飞行中队。随后在1943年，又先后配属第296、第297飞行中队服役。

上图：尽管合金短缺情况没有出现，但"阿尔伯马尔"飞机的生产很快就证明了轻型飞机也能很有用。

"剑鱼"鱼雷轰炸机

"剑鱼"飞机作为鱼雷攻击机使用获得巨大成功。

1940年11月21日，英国皇家海军"光辉"号航空母舰上的21架"剑鱼"飞机对塔兰托港的意大利舰队进行了猛烈的攻击，共击沉2艘战列舰、1艘巡洋舰和1艘驱逐舰，摧毁了意大利海军。

"剑鱼"飞机1936年进入英国海军航空队服役，绰号"网兜"。此后，"剑鱼"在打击"俾斯麦"号战列舰时也起到了决定性的作用。但到了1942年，"剑鱼"的飞行速度对于所要担负的任务而言简直是太慢了。在对德国"格内森瑙"号和"香霍斯特"号战斗巡洋舰的一次英勇而徒劳的攻击中，6架"剑鱼"飞机中有5架被击落，牺牲的飞行员们被授予维多利亚十字勋章。

此后，"剑鱼"依然保持大量生产直到1944年。"剑鱼"飞机还执行了布雷、轰炸和侦察任务，还试验和使用了海军航空队的第一种空对地火箭弹。

"剑鱼" Mk II 型飞机

类型：双座或三座鱼雷轰炸机/双翼侦察机

发动机：1台552千瓦的布里斯托尔"飞马"XXX型9缸星形活塞发动机

最大航速：221千米/小时

航程：1645千米

实用升限：3259米

重量：空机重2132千克；满载后重3406千克

武器：机身上安装有1挺7.7毫米口径维克斯前射机枪，在后方座舱内安装有1挺7.7毫米刘易斯
　　　或维克斯K式机枪；1枚727千克鱼雷或深水炸弹，682千克水雷或炸弹，或8枚火箭弹

外形尺寸：翼展　13.87米；机长　10.87米
　　　　　机高　3.76米；机翼面积　56.39平方米

右图：慢速飞行者
满载后的"剑鱼"飞机仅能以179千米/小时（112英里/小时）的速度飞行。不过它非常稳定而且能够准确地投放鱼雷。

费尔雷公司的"剑鱼"轰炸机

主要部件剖视图

1 方向舵构造
2 方向舵上部铰链
3 对角张线
4 外部支撑线
5 方向舵铰链
6 升降舵操纵摇臂
7 尾部航行灯
8 升降舵构造
9 固定式调整片
10 升降舵补偿器
11 升降舵铰链
12 右水平安定面
13 水平安定面支柱
14 捆绑用的下钩环

15 支架脚
16 后楔形物
17 方向舵下部铰链
18 水平安定面调整螺旋状物
19 升降舵操纵线缆
20 外部张线
21 升降舵固定调整片
22 垂直安定面构造
23 张线附件
24 天线短柱
25 张线
26 左升降舵
27 左水平安定面
28 水平安定面支撑支柱
29 救生艇外部释放线
30 尾轮油液减震器
31 非可伸缩的邓禄普尾轮
32 机身框架
33 着陆拦阻钩舱
34 操纵线缆导缆器
35 机背盖板
36 拉杆天线

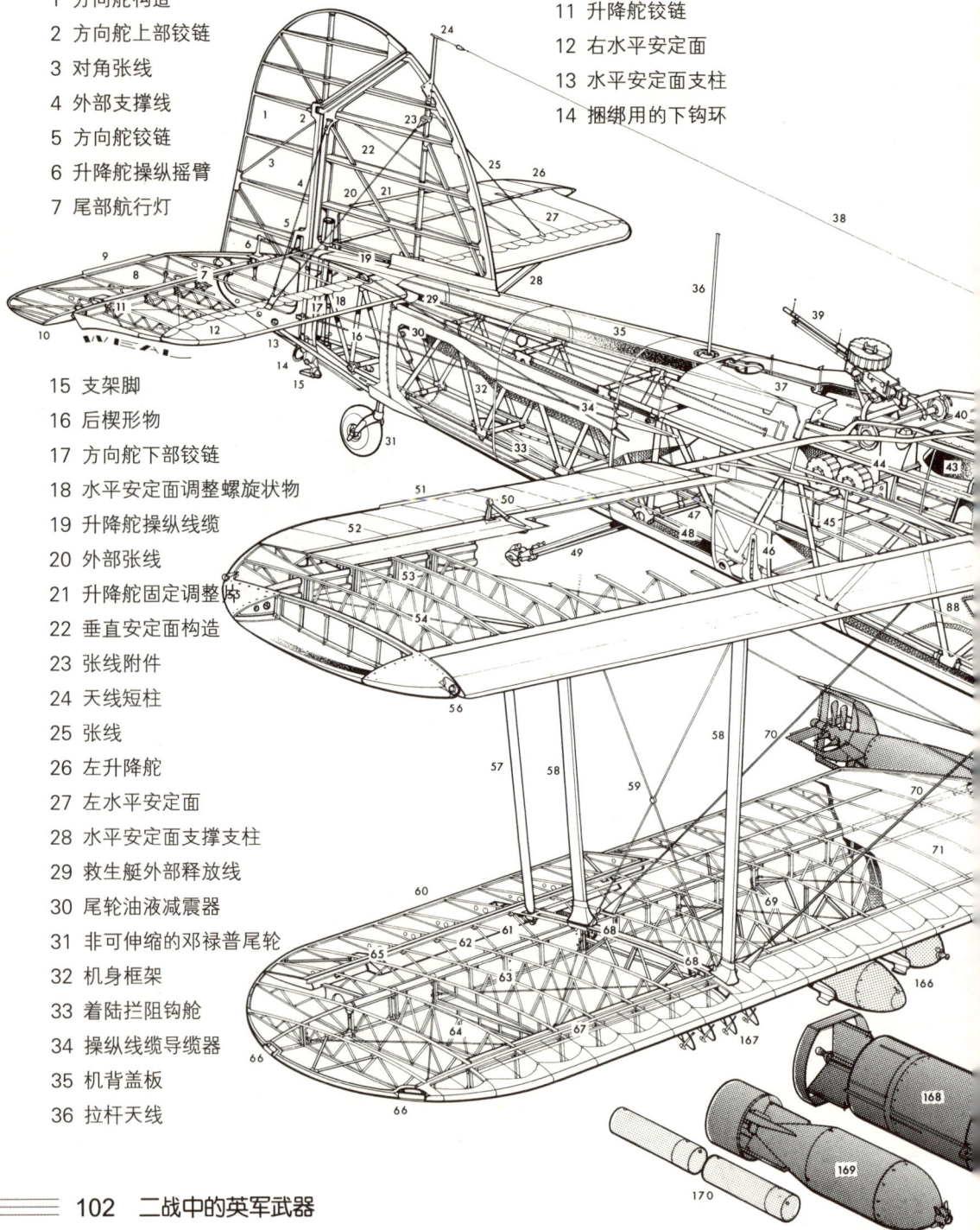

左图：1939年年初，这架"剑鱼"Mk I飞机
正在飞越其新搭载的皇家方舟号航空母舰，
该机来自第820中队。在当年1月，该中队成
为部署在该航母上的第一个中队。

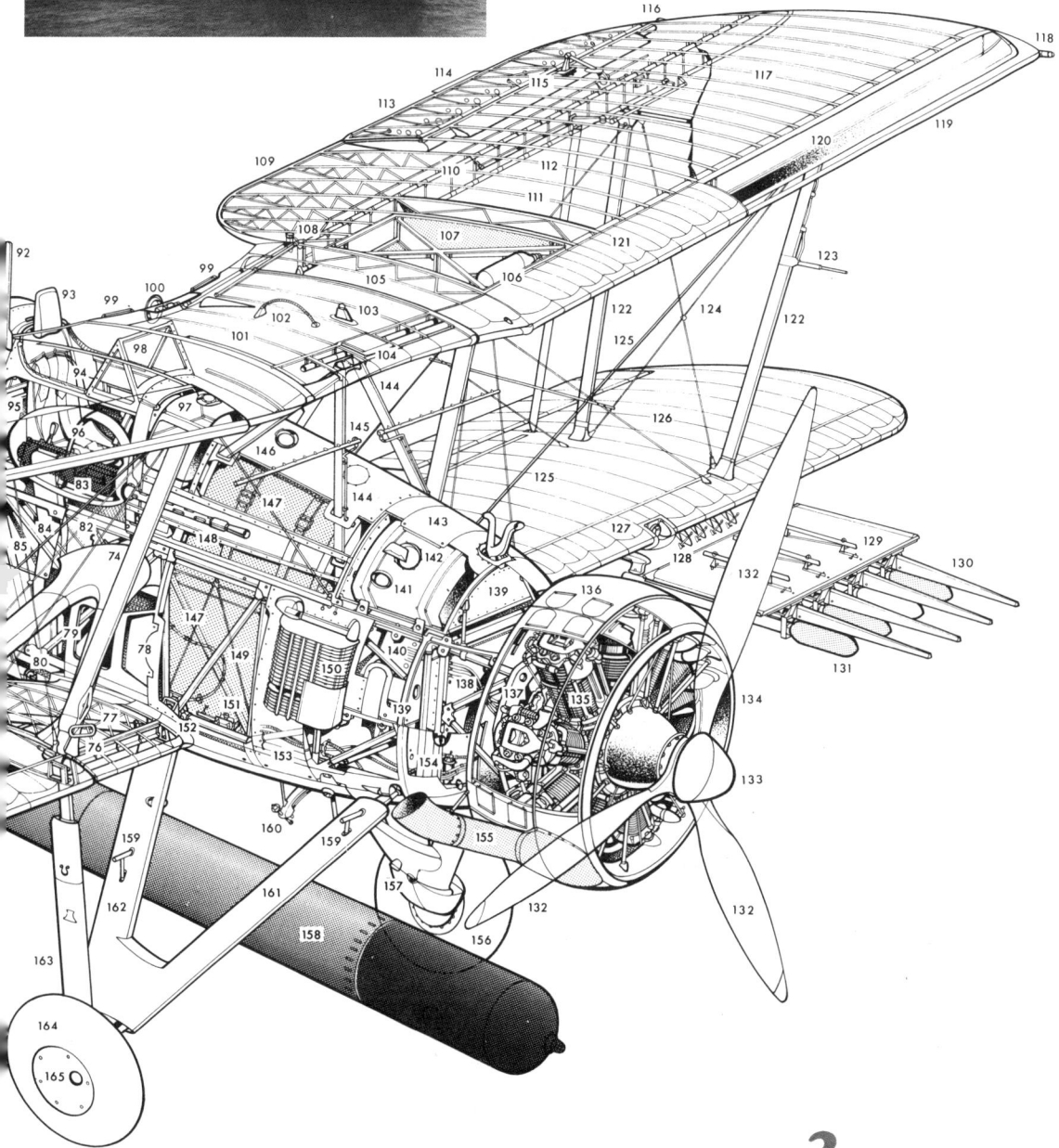

37 刘易斯（Lewis）机枪存放槽

38 天线

39 可转动的0.303英寸（7.7毫米）机枪

40 费尔雷可转动高速机枪安装支座

41 0-3型罗盘安装点

42 后座舱舱口栏板

43 后座舱

44 刘易斯鼓形弹匣存放处

45 无线电设备安装处

46 配重

47 避雷器钩枢轴

48 机身下部纵梁

49 避雷器钩（延伸部分）

50 副翼铰链

51 固定式调整片

52 右侧上部副翼

53 后梁

54 机翼翼肋

55 右编队灯

56 右航行灯

57 副翼连接支柱

58 翼间支柱

59 张线

60 右侧下副翼

61 副翼铰链

62 副翼补偿器

63 后梁

64 机翼翼肋

65 副翼外侧铰链

66 甲板把手/捆扎夹具

67 前梁

68 翼间支柱附件

69 机翼内段对角张线

70 升力张线

71 机翼蒙皮

72 辅助悬吊线（当翼下挂架挂载时加装）

73 机翼折叠铰链

74 内侧翼间支柱

75 根段翼端翼肋

76 机翼锁定装置

77 根段翼构造

78 进气槽

79 侧窗

80 弹射阀芯

81 阻力支柱

82 座舱斜面地板

83 固定的0.303英寸（7.7毫米）维克斯（Vickers）机枪（有些飞机将其拆除了）

84 弹壳抛壳道

85 检修面板

86 照相机安装支架

87 滑动炸弹瞄准舱口

88 Zip检查襟翼

89 机身上部纵梁

90 中央座舱

91 座舱内侧整流罩

92 上部机翼天线杆

93 飞行员头枕

94 飞行员座椅和背带

95 舱壁

96 维氏（Vickers）机枪整流罩

97 重力供油燃油箱［容量12.5英制加仑（57升）］

98 风挡玻璃

99 把手

100 襟翼操纵手轮和变航向组件

101 机翼中段

102 救生艇释放线手柄

103 识别灯

104 中央部分棱锥形支柱附件

105 对角线加强件

106 救生艇充气瓶

107 C型救生艇存放舱

108 副翼操纵线缆

109 后缘翼肋部分

110 后梁

111 机翼翼肋位置

112 副翼连接支柱

113 左侧上部副翼

114 固定调整片

115 副翼铰链

116 左编队灯

117 机翼蒙皮

118 左航行灯

119 前缘翼缝

120 前梁

121 前缘翼肋

122 翼间支柱

123 静压头

124 张线

125 升力张线

126 左侧下部主翼面

127 着陆灯

128 翼下挂弹钩

129 翼下加强板

130 火箭发射导轨

131 4枚60磅（27千克）反舰火箭弹

132 三叶型固定桨距费尔雷里德（Fairey-Reed）金属螺旋桨

133 螺旋桨整流罩

134 汤恩德（Townend）环

135 布里斯托尔（Bristo）飞马（Pegasus）IIIM3（或MK 30）星形发动机

136 整流罩安装夹

137 发动机安装环

138 发动机支撑支架

139 防火墙舱壁

140 发动机控制部件

141 滑油箱浸入式加热器插座

142 加油口盖

143 滑油箱〔容量13.75英制加仑（62.5升）〕

144 中央部位棱锥形支柱

145 外部鱼雷瞄准指针

146 燃油箱口盖

147 主燃油箱〔容量155英制加仑（705升）〕

148 维氏机枪槽

149 机身前隔框

150 滑油冷却器

151 燃油滤清器

152 根段翼/机身附件

153 燃油供油管

154 救生艇浸入开关

155 排气管

156 左邓禄普主轮

157 顶起脚

158 1610磅（732千克）18英寸（45.7厘米）鱼雷

159 检修/服务脚踏板

160 鱼雷前部支撑

161 径向拉杆整流罩

162 起落架轴管整流罩

163 起落架油液减震支柱整流罩

164 右主轮

165 毂盖

166 翼下炸弹

167 翼下外侧炸弹钩

168 深水炸弹

169 250磅（114千克）炸弹

170 反舰照明弹

下图：1941年4月，"剑鱼"轰炸机正准备从皇家海军舰艇"鹰"的飞行甲板上起飞离开蒙巴萨（Mombasa）。这些轰炸机来自于第813和824中队，这两个中队是进行反潜巡逻的中队。1941年6月6日，来自于这两个中队的"剑鱼"轰炸机在易北河（Elbe）发现并击沉了德国的U型潜艇补给舰。

"流星"轰炸截击机

由于首批喷气式发动机只能产生很小的推力，格洛斯特公司被迫再设计一种双引擎的飞机。由于"流星"飞机能够相对容易地配装各种不同的发动机类型，因此决定在F.9/40原型机上试验三种不同的发动机，总共制造了8架原型机。

由于罗孚W.2B发动机（该发动机以E.28/39飞机使用的弗兰克·怀特公司的发动机为基础研制）的延迟，导致原型机DG206/G采用两台哈尔德福H.1型发动机驱动，该机于1943年3月5日首飞。随着其他原型机的相继起飞，试验证明飞机缺乏方向稳定性的问题。这些早期的问题都通过对机尾的修改而得到了更正。

1944年1月22日，"流星"F.Mk 1飞机进行了首飞。该机实际上是一架采用劳斯莱斯W.2B/23C"维兰"发动机（劳斯莱斯公司已经从罗孚公司接管了W.2B发动机的研制工作）的F.9/40飞

右图：这架"流星"F.Mk 1飞机于1944年7月配属第616中队，但一个月后就因紧急迫降而毁掉。

"流星"F.Mk 1型飞机

类型：单座白天战斗机

发动机：2台7.56千牛的劳斯莱斯W.2B/23C"维兰"系列涡轮喷气发动机

最大航速：在3049米高度时为670千米/小时

实用升限：12195米

重量：空机重3737千克；满载后重6258千克

武器：在机鼻处安装有4门"依斯帕诺"20毫米航炮

外形尺寸：翼展　13.10米

　　　　　机长　12.50米

　　　　　机高　3.90米

　　　　　机翼面积　34.70平方米

机，它还在机鼻处安装了4门20毫米（0.79英寸）航炮。

12架F.Mk 1飞机于1944年7月交付第616中队，在随后的8月，英国皇家空军中尉迪安取得了皇家空军的首次喷气机射杀战果，当时他驾驶F.Mk 1飞机击落了一枚V-1飞弹。

在1944年12月，第616中队重新装备了改进的F.Mk 3飞机，该中队于1945年转移至荷兰，以便对德国侦察飞行，但从未与梅塞施米特Me 262喷气式飞机相遇。

上图：照片中所见的是一架正准备降落的"流星"F.Mk 3飞机。F.Mk 3飞机受益于其改进的劳斯莱斯"德温特"发动机。

上图：EE214/G是第5架F.Mk 1飞机，它被用来测试一个腹部的油箱。该机于1949年被废弃。

"桑德兰"水上飞机

肖特公司（SHORT）的"桑德兰"水上飞机作为反潜巡逻机研制于1944年，停产于1945年，仅生产了1年总产量为721架，最大时速可达343千米/小时，升限为5455米。该机型装备4台Pratt&Whitney R-1830-90B发动机，每台发动机动力为100马力。

桑德兰是一种外形优雅匀称的全金属大型机，机身的横断面为竖椭圆形。机舱除了驾驶室还设有休息室、工作间、卧铺、军官餐厅、厨房和厕所，因此机身被分为上下两层。这种设计虽然会使飞机的体型变大但是对于要连续飞行十几小时的多人空勤组来说却并不多余。该机型装有四台"飞马"18型空冷活塞发动

上图：英国海外航空公司（BOAC）的"桑德兰"Mk III G-AGIA飞机以英国皇家空军飞机ML728的身份开始其生命历程，并于1943年7月成为航线飞机，将具有优先权的乘客和信件送至西非、印度（第二次世界大战对日战争胜利纪念日之后）和缅甸。24架经过改造的飞机在此条航线服役，机上所有军用设备和武器均被拆除，机舱配备了基本的靠背椅。

"桑德兰"Mk III 飞机

动力装置： 4台布里斯托尔飞马XVIII9缸星形活塞式发动机，每台功率为783千瓦

重量： 空重15000千克；整机重26364千克

性能： 最大飞行速度339千米/小时；初始爬升率241米/分钟；实用升限4573米；速度为232千米/小时时的航程4800千米；续航时间20小时

武器装备： 一挺7.7毫米威克斯GO机枪安装在机头炮塔中，两挺7.7毫米勃朗宁机枪安装在炮塔中上部，四挺类似的勃朗宁机枪安装在机尾炮塔；备用的第二挺机头炮塔机枪和四挺固定式勃朗宁均向前射击，两挺12.7毫米勃朗宁机枪从机身中部舱口射击；总重量为2255千克的各种武器封装在船身中，并在攻击前吊挂于翼下

外形尺寸： 翼展 34.38米；机长 26.01米

机高（包括着陆机架）9.79米；机翼面积 119.85平方米

机在略为上反的梯形上单翼上。武器则是在机头，机身背部和机尾位置各设一座7.7毫米联装炮塔。与此同时"桑德兰"的攻潜武器还包括有112千克或225千克炸弹或深水炸弹，其使用特点是在使用前从机身中沿导轨移至翼根下再进行投放。这种机型还有一个特点就是没有设机轮起落架。

上图："桑德兰"水上飞机的驾驶舱空间相对较大，而且飞行员有良好的全向视野。飞行员驾驶盘（左）上包起来的按钮的作用是控制炸弹投放和机头的四台前射机枪射击。

动力装置

与这架飞机相同，早期的"桑德兰"飞机配备了功率为735.5千瓦的布里斯托尔飞马XXII发动机，但当第35个机身制造完成后，带双速增压器且功率为783.3千瓦的飞马XVIII发动机便取代了原来的发动机。直到采用了功率为882.6千瓦的普拉特&惠特尼的双黄蜂Mk V发动机，肖特飞机最后才获得了足够的动力来补偿增加的重量。

"青花鱼" 双翼鱼雷轰炸机

　　"青花鱼"飞机于1940年进入英国皇家海军航空兵部队服役，总产量达到798架。1940年9月，"青花鱼"飞机首次参战，进攻法国的布伦港。许多"青花鱼"终生以陆上为基地，但它们的短暂辉煌却是在舰上取得的。1941年3月，该型飞机随英国皇家海军"可畏"号航空母舰执行作战任务，在马塔潘角海战中重创意大利"维托里奥·维内托"号战列舰。此后，"青花鱼"飞机在西非沙漠偶尔执行夜间轰炸任务，防止轴心国战斗机的疯狂进攻。在1942年著名的阿拉曼战役前的几次作战中，"青花鱼"飞机的表现比较神勇。作为航空母舰舰载机期间，"青花鱼"先后在北大西洋、北冰洋、地中海和印度洋执行任务，还在西西里岛、意大利和法国北部承担过海上进攻支援机的职责，并且取得了不俗的战绩。

上图：尽管"青花鱼"飞机因为谐音的缘故被戏称为"苹果核"，但它还是取得了不算辉煌却也不错的战绩，特别是在北非和地中海战场上。图中这架飞机正在投放一枚457毫米口径的教练鱼雷。

"青花鱼"飞机

机型：三座海上鱼雷轰炸机

动力装置：1台布里斯托尔"金牛星"2型星形活塞式发动机，输出功率794千瓦

性能：2134米高度时最大速度259千米／小时，8分钟内爬高1829米，升限6309米，航程1320千米

重量：空重3266千克，最大起飞重量5715千克

尺寸：翼展15.24米，机长12.13米，机高4.65米，机翼面积57.88平方米

武器装备：1挺前射式7.7毫米"威克斯"机枪，后舱安装1挺7.7毫米"威克斯"K型机枪，1枚457毫米口径鱼雷或907千克炸弹

"萤火虫" 双座海军战斗机

费尔雷公司出品的"萤火虫"飞机前后共服役15年，总产量达到1702架，直到1956年才停止生产，被誉为海军航空兵用过的最成功的机型之一。1941年12月22日，"萤火虫"飞机的原型机进行首次试飞，第一架"萤火虫"F.Mk I型飞机于1943年3月编入现役。后来，"萤火虫"F.Mk I型飞机加装了ASH（空对地H型）雷达，改称"萤火虫"FR.Mk I型侦察战斗机。还有部分飞机在加装了用于夜间飞行的特别雷达后成为"萤火虫"NF.Mk I型。另外一种夜间战斗机的版本是NF.Mk II型，装备有AI.Mk X型雷达，雷达天线隐藏在两副机翼的天线屏蔽器之内。F.Mk IA型是Mk I型加装了ASH雷达后的新型号，其技术标准与FR.Mk I型相同。人们曾经尝试在F.Mk 3型飞机上加装"格里芬"61型发动机和机头散热器，但这种努力随着采用"格里芬"74发动机的FR.Mk 4型侦察战斗机的出现

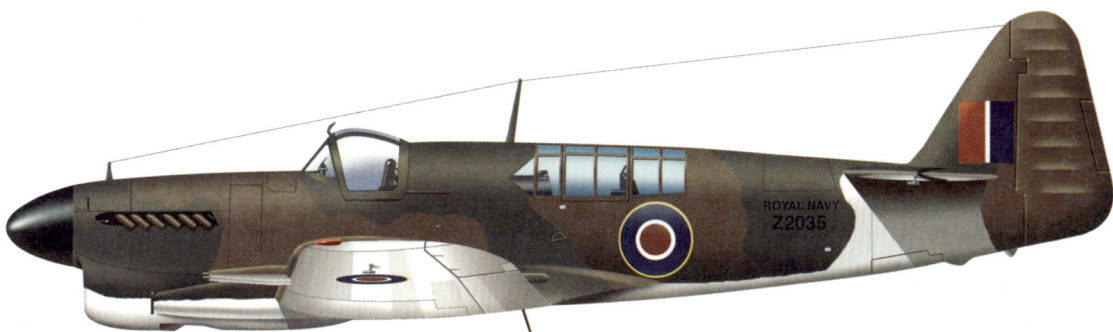

"萤火虫" F.MkI 型

机型：双座舰载战斗机

动力装置：1台罗尔斯-罗伊斯公司"格里芬"IIB型12缸V字形活塞发动机，输出功率1294千瓦

性能：4267米高度时的最大速度509千米／小时，升限8534米，航程2092千米

重量：空重4423千克，最大起飞重量6359千克

尺寸：翼展13.56米，机长11.46米，高4.14米，机翼面积30.4平方米

武器装备：4门20毫米机炮，8枚27.2千克火箭或2枚454千克炸弹

上图：这架飞机是所有问世的"萤火虫"飞机之中的第7架，也是第3架F.Mk I型飞机，它于1943年夏天进行试验。该型飞机在1943年10月开始服现役，编入英国皇家海军舰载航空兵第1770中队。

而显得没有必要了。"萤火虫"FR.Mk 4型飞机于1946年编入现役。战后出现了更多改型的"萤火虫"飞机。

"萤火虫"飞机刚刚编入现役，就取得了巨大的成功。它参加了对德国海军"提尔皮茨"号战列舰的攻击行动，并且多次在挪威海域执行作战任务。它在太平洋战场上也取得了同样的成功，在1945年对太平洋上的日占岛屿以及战争结束前对于日本本土的作战中，都有非常出色的表现。

"管鼻燕"舰载双座战斗机

1942年，在生产了127架"管鼻燕"Mk I型战斗机后，Mk II型采用了"隼"XXX型发动机，正是这种发动机将其最大速度提升到了438千米／小时。在大不列颠空战中，英国皇家海军舰载航空兵第808中队的Mk I飞机由英国皇家空军战斗机司令部指挥，不过它没有真正参加过作战。1940年11月，"管鼻燕"飞机随同英国皇家海军"卓越"号航空母舰参加了塔兰托海战，不久又随同"皇家方舟"号参加前往马耳他岛的至关重要的护航行动。在马塔潘角海战中，"管鼻燕"飞机从"无畏"号航空母舰上起飞，为"青花鱼"飞机和"剑鱼"飞机提供护航，用鱼雷击沉了意大利战列舰"维托里奥·维内托"号。1942年年初，日本海军进入印度洋海域直接威胁锡兰。为此，英国皇家海军2个"管鼻燕"飞行中队作为科伦坡的空中防护部队驻扎在此。然而，在第一次遇到日军性能强大的A6M型航空母舰战斗机时，"管鼻燕"飞机被彻底压制，几乎被全部击落。"管鼻燕"总产量为450架，其中一部分作为夜间战斗机使用。

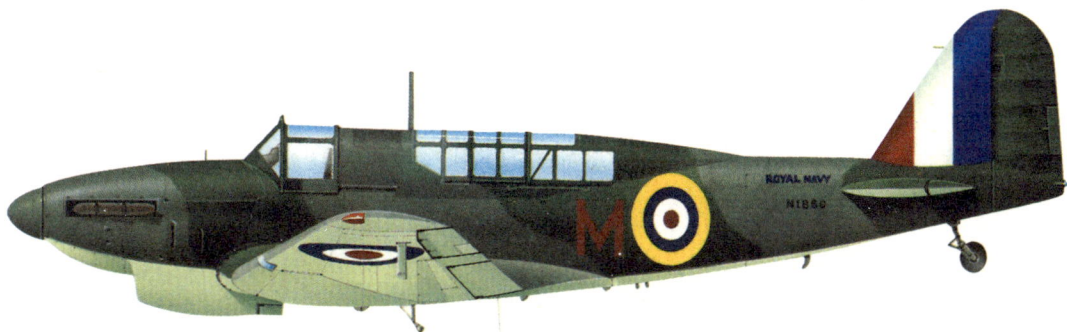

上图：这是一架1940年开始在第806飞行中队服役的"管鼻燕"Mk I型飞机。同年，该机型为前往马耳他的盟军运输船队提供空中护航，首次对意大利海军作战。

"管鼻燕" Mk II 型飞机

机型：双座舰载战斗机

动力装置：1台罗尔斯-罗伊斯公司"隼"XXX 型12缸V字形活塞式发动机，输出功率940千瓦

性能：5029米高度时最大速度438千米／小时，初始爬高率402米/分钟，升限8291米，航程1255千米

重量：空重3349千克，最大起飞重量4627千克

尺寸：翼展14.14米，机长12.24米，机高3.25米，机翼面积31.77平方米

武器装备：机翼上装7.7毫米机关枪8座，少数机型后舱装有1架可转动的7.7毫米机关枪

左图：英国皇家海军舰载航空兵认为，为了确保完成任务的"管鼻燕"飞机在航空母舰上安全降落，有必要在该型飞机上配置第二个座舱供领航员乘坐。然而，这种设计不仅使得该机型在重量上存在缺陷，也使其外观缺乏美感，性能因此受到影响。

"海上飓风"舰载战斗机

　　"海上飓风"战斗机是在英国皇家空军的"飓风"陆基战斗机的基础上发展而来的,专门为商船运输队提供现代战斗机保护。"海上飓风"先后交付了800多架,其中大部分是从"飓风"改进而来的,很多甚至还参加过战斗。此外,还有一些是加拿大建造的"飓风"飞机的改进型。

　　最先问世的是"海上飓风"Mk IA型,安装有飞机弹射装置,以便在发现敌方飞机时能够从经过特殊改造的商船上起飞拦截。为此,那些搭载"海上飓风"的商船专门安装了飞机弹射器,对抗那些经常出现的敌方飞机。

　　继Mk IA型之后的是Mk IB型,它除了索具之外还增加了拦阻钩,这样就可以在航空母舰上使用。Mk IC型的产量很少,它在早期机型的机枪位置装备有4门20毫米口径机炮,专门用来对付轰炸机。"海上飓风"Mk IIC型从"飓风"Mk IIC型演变而来,配置有机炮和"隼"XX型发动机。就总体而言,除了极少数由"飓风"Mk XII型改造而成的"海上飓风"Mk XII型之外,在加拿大制造的"海上飓风"飞机的设计比较超前。

右图:一部分"飓风"Mk I型飞机改装为"海上飓风"Mk IB型飞机,这些飞机此前曾在不列颠空战中历经战火。

"海上飓风"Mk IIC型

机型:舰载战斗机

动力装置:1台罗尔斯-罗伊斯公司"隼"XX型12缸V字形活塞发动机,输出功率955千瓦

性能:5944米高度时的最大速度505千米/小时,升限10516米,航程1207千米

重量:空重2617千克,最大起飞重量3511千克

尺寸:翼展12.2米,机长9.83米,机高3.99米,机翼面积23.93平方米

武器装备:4门20毫米机炮

右图：这架"海上飓风"飞机正从英国皇家海军"文德克斯"号航空母舰上起飞，赴大西洋海域执行反潜巡逻任务。

1941年2月，"海上飓风"飞机编入现役，随同第804飞行中队在安装有飞机弹射器的武装商船上执行任务。该机型的首次参战是对北极港口佩特萨摩的突袭，接下来的那个月，第804中队的一架"海上飓风"击落了一架敌机。后来，武装商船的这项任务以及所搭载的"海上飓风"战斗机被转交给了皇家空军的商船战斗机部队，驻地在斯皮克。

当第一批护航航空母舰编入英国皇家海军时，"海上飓风"也被分派到了其中几艘上，先后在北极和地中海海域执行任务。1943年，"海上飓风"飞机被超马林公司的"海火"战斗机和格鲁曼公司的"野猫"战斗机取代。

左图："海上飓风"MkIA型战斗机和"管鼻藿"飞机，从飞机弹射器上起飞。

"海火" 舰载战斗机

在"海上飓风"飞机成功之后，一架"喷火"Mk VB型飞机加装了V形停机钩，1941年年底之前在英国皇家海军"卓越"号航空母舰上成功进行试验。许多带有B型号机翼的"喷火"战斗机进行了类似的改造，更名为"海火"F.Mk IB型飞机。1942年5月，"海火"F.Mk IIC型飞机走下生产线，配备4门20毫米机炮、飞机弹射装置和火箭助推起飞装置，机身进行了加固。该型飞机的另外一种低空版本是"海火"L.Mk IIC型，其中少部分安装有照相机，用来执行侦察任务，型号为"海火"LR.Mk IIC型。"海火"F.Mk III型飞机则引进了手动操纵的折叠式机翼。"海火"L.Mk III型执行低空任务，其中一些改装成为"海火"LR.Mk III型飞机，用来执行照相侦察任务。

1945年，装备"格里芬"发动机的"海火"F.Mk XV型飞机诞生了，配置一副针状停机钩，但该机型未能来得及编入现役参加海上战斗。在它之后的是"海火"F.Mk XVII型，即后来的"海火" F.Mk 17型，该机型配备有线条清晰

上图：1945年，这架"海火"F.Mk III型飞机在英国皇家海军"猎手"号航空母舰上的第807飞行中队服役，为在安达曼海进行的反舰作战执行空中掩护。

"海火" F.Mk III

机型：舰载战斗机
动力装置：1台罗尔斯–罗伊斯公司"隼"45型、50型或55型活塞式发动机，输出功率1096千瓦
性能：3734米高度时的最大速度566千米／小时，升限10302米，航程748千米(使用内置燃油)
重量：2449千克，最大起飞重量3175千克
尺寸：翼展11.23米，机长9.12米，机高3.48米，机翼面积22.48平方米
武器装备：2门20毫米机炮或4挺7.7毫米机枪，1枚227千克炸弹或2枚113千克炸弹

上图：由于机翼无法折叠，"海火"F.Mk IIC型飞机不太适合在航空母舰上使用。

下图："海火"F.Mk III型飞机的一个显著的外形特征就是可以折叠机翼，以便进入英国皇家海军航空母舰上的机库。类似的结构在Mk XV型和Mk 17型上也能见到。

的气泡式引擎罩、燕尾式后机身，载油量得到大幅度提升。"海火"FR.Mk XVII型(FR.Mk 17)侦察机则装备两架照相机。

"海火"F.Mk 45型飞机基于"喷火"F.Mk 21型飞机的技术制造的，它依靠"格里芬"五叶发动机推进。"海火"F.Mk 46型配有气泡式引擎罩、燕式后部机身和六叶反转螺旋推进器，其侦察机型是"海火"FR.Mk 46型。最后一个版本的改型是"海火"F.Mk 47型和"海火"FR.Mk 47型，它们都安装有自动折叠机翼，并采用了其他的进步技术。

上图：这架"海火"F.Mk IB型飞机隶属于英国皇家海军"掠夺者"号航空母舰上的第760飞行中队，照片显示该机正在进行训练。

1942年11月，“海火”飞机参加了北非登陆战役，后来又参加了意大利萨勒诺登陆战役和法国南部的作战行动。该型飞机在萨勒诺战役中的表现非常低劣，在那里，由于航空母舰甲板风速不够强大，导致许多飞机起落架损毁。在太平洋战场，有几个“海火”飞机中队在作战中表现比较活跃。战后，装备“格里芬”发动机的飞机继续在军中服役，但许多是在预备役中队之中，这种情况一直持续到1945年。“海火”Mk 47型飞机曾在朝鲜战争中执行作战任务。

“海上大黄蜂”战斗机

　　正当太平洋战场上急需远程单座护航战斗机的时候，作为私人公司的产品，德·哈维兰公司的“大黄蜂”飞机应运而生了。在外形上，它同多功能的“蚊子”战斗机非常相似。“大黄蜂”战斗机从1942年开始研制，原型机于1944年7月28日进行首次试飞。然而，如同第二次世界大战期间的许多飞机一样，在日本投降后的飞机削减大潮中，该型飞机也命运多舛。不过，作为当时世界上速度最快的双活塞式发动机战斗机，“大黄蜂”以其出色的性能而没有彻底退出舞台，

右图：由于在机鼻位置加装了雷达系统，而雷达操纵手（海军称为观测员）又蜷缩在机舱后部，“海上大黄蜂”NF.Mk 21型飞机丧失了德·哈维兰公司产品家族在外观上的优美线条。

“海上大黄蜂”飞机

机型：舰载护航攻击战斗机

动力装置：2台功率1514千瓦的罗尔斯–罗伊斯公司生产的“隼”133/134型活塞式发动机

性能：最大速度6705米高度时748千米/小时；升限10670米；使用辅助燃料最大航程为2414千米

重量：空重6033千克；最大起飞重量8405千克

尺寸：翼展13.72米，机长11.18米，机高4.32米，机翼面积33.54平方米

武器装备：2门20毫米机炮，8枚27千克火箭或2枚454千克炸弹

1946—1956年，英国皇家空军仍在使用这些飞机。

1944—1945年，为了满足英国皇家海军对于"大黄蜂"舰载机型的需求，德·哈维兰公司对3架"大黄蜂"F.Mk 1型飞机进行试验，按照海军的作战要求进行改进并取得了成功。接下来，第一批79架海军版的"大黄蜂"战斗机——F.Mk 20型的订单很快签署了。其中，第一批飞机于1947年首次装备第801飞行中队，武器装备与英国皇家空军的"大黄蜂"飞机基本相同。这种飞机直到1951年还在一线部队服役。

上图：1949—1954年，第809飞行中队是使用"海上大黄蜂"F.Mk 21型飞机的一线作战部队。除了夜间作战之外，该机型还能为其他飞机充当导航飞机。

下一个机型是"海上大黄蜂"NF.Mk 21型夜间战斗机，这种飞机从1946年开始研制，直到1949年1月才进入英国海军航空兵第809飞行中队服役，取得了作战资格认证，直到1954年才让位于德·哈维兰公司的"海蛇毒"喷气式飞机。这样一来，"海上大黄蜂"NF.Mk 21型战斗机开始用来训练夜间战斗机的雷达操作手。截至1956年，所有的"海上大黄蜂"NF.Mk 21型战斗机退出现役。

"海上大黄蜂"PR.Mk 22型照相侦察机的诞生，标志着"海上大黄蜂"飞机生产工作的最终完成。这种飞机一共生产了24架，每架均装备有2架用于白天侦察的F52型照相机和1架用于夜间侦察的K19B型照相机。为了更好地完成侦察拍照任务，机炮被拆除了，取而代之的是照相设备。

左图："海上大黄蜂"F.Mk 20型飞机作为一种远程战斗攻击机，于1947—1951年间在英国皇家海军航空母舰上服役，后来被"海蛇毒"战斗机取代。

4
战舰

"亚尔古英雄"号轻巡洋舰

1941年9月，由坎默尔-莱尔德公司设计建造的"亚尔古英雄"号轻巡洋舰下水，它是英国皇家海军在1939—1942年间建造的16艘"黛朵"级轻巡洋舰之中的一员。

"亚尔古英雄"号最初在英国本土舰队服役，后来加入驻直布罗陀的H分舰队，参加了盟军1942年11月在北非的登陆行动——"火炬"行动。它于1943年赴美国接受改装，而后及时返回欧洲战场，参加了1944年6月6日的诺曼底登陆行动，为在金海滩登陆的盟军部队提供海上火力支援。同年8月，它再次为盟军在法国里维埃拉海岸的登陆行动提供火力支援。1944年9—10月，它赴地中海海域执行任务，掩护盟军在希腊和爱琴海诸岛的登陆行动。在完成上述任务

"亚尔古英雄"号

舰型：轻巡洋舰　　舰长：156米　　舰宽：15.24米　　吃水：5.18米
标准排水量：5933吨　　满载排水量：7193吨　　动力装置：蒸汽涡轮机
防护装甲：38.1毫米　　甲板装甲：50.8毫米　　炮塔装甲：38.1毫米
主战火力：10门5.25英寸主炮　　防空火力：8门2磅高射炮，8门0.5英寸高射炮
舰载飞机：无　　舰员编制：487人　　下水日期：1941年9月　　航速：31.75节

后，它随即前往印度洋锡兰（今斯里兰卡）加入英国皇家海军东方舰队作战。

　　1944年12月至1945年1月，"亚尔古英雄"号掩护英国航母特混舰队对苏门答腊发起进攻。接下来，它又加入英国皇家海军太平洋舰队服役，一直在太平洋海域战斗到战争结束。其间，它负责掩护英国皇家海军第37特遣大队在冲绳外海和日本本岛的作战行动，表现非常出色。1955年11月，"亚尔古英雄"号在纽波特被最终拆解。

上图：诺曼底登陆日的海滩一幕。

"阿贾克斯"号轻巡洋舰

　　英国皇家海军"利安得"级轻巡洋舰"阿贾克斯"号由维克斯–阿姆斯特朗公司负责建造，1934年3月下水。在1939年9月第二次世界大战爆发后的前几周内，它一直在南大西洋海域执行反商船袭击舰的任务。1939年12月，它和巡洋舰"埃克塞特"号、"阿喀琉斯"号一道在普拉特河河口截击德国海军"施佩伯爵"号袖珍战列舰，在战斗中身负重伤（这场激战后来由于电影《普拉特河上的战斗》而闻名遐迩）。在进行了大规模的维修之后，它被部署到地中海地区执行

"阿贾克斯"号

舰型：轻巡洋舰　　　舰长：168.85米　　　舰宽：16.76米　　　吃水：6.03米

标准排水量：7549吨　　满载排水量：9500吨　　动力装置：蒸汽涡轮机

防护装甲：88.9毫米　　甲板装甲：50.8毫米　　炮塔装甲：25.4毫米

主战火力：8门6英寸主炮，4门4英寸副炮　　防空火力：12门0.5英寸高射炮

舰载飞机：1架　　舰员编制：570人　　下水日期：1932年9月　　航速：32.5节

运输队护航任务。

1941年5月28日，在前往克里特岛撤运英军和希腊军队的途中，"阿贾克斯"号被德国空军的俯冲轰炸机炸伤。1943年1月，它在阿尔及利亚海岸再次遭到空袭。在1944年6月的诺曼底登陆行动中，它和巡洋舰"亚尔古英雄"号、"猎户座"号和"绿宝石"号一起为在金海滩登陆的盟军部队提供火力支援。同年8月，它还掩护了盟军在法国南部的登陆行动。

1944年9—10月，"阿贾克斯"号前往爱琴海海域执勤，在地中海舰队一直服役到战争结束。1949年11月，"阿贾克斯"号被拆解。

上图：诺曼底登陆日向海滩突击的过程中，有些美军士兵隐蔽在坦克的后面。

"皇家方舟"号航空母舰

1934年9月，英国皇家海军"皇家方舟"号航空母舰在坎默尔–莱尔德公司造船厂铺设龙骨，1937年4月13日下水，1938年11月建成。它综合了此前所有设计方案的优点，配置了一条直通式飞行甲板。第二次世界大战爆发后，"皇家方舟"号奉命出海搜寻那些试图返回母港的德国船只，在这些作战行动中，它差点被一艘德国U型潜艇发射的鱼雷击中。

"皇家方舟"号

舰型：航空母舰　　舰长：243.84米　　舰宽：28.65米　　吃水：8.53米

标准排水量：23978吨　　满载排水量：28936吨　　动力装置：蒸汽涡轮机

防护装甲：24.3毫米　　甲板装甲：88.9毫米　　炮塔装甲：N／A

主战火力：16门40.5英寸主炮　　防空火力：32门2磅高射炮，32挺0.5英寸高射机枪

舰载飞机：60架　　舰员编制：1600人　　下水日期：1937年4月　　航速：32节

上图：1940年，英国"皇家方舟"号航空母舰在打击法国舰队的战斗中发挥了重要作用，其舰载机在阿尔及利亚的凯比尔港口布设鱼雷，防止法舰脱逃，但在塞内加尔首都达喀尔，其舰载机几乎被法国陆基战斗机所击败。

下图：英国皇家海军"皇家方舟"号航空母舰。

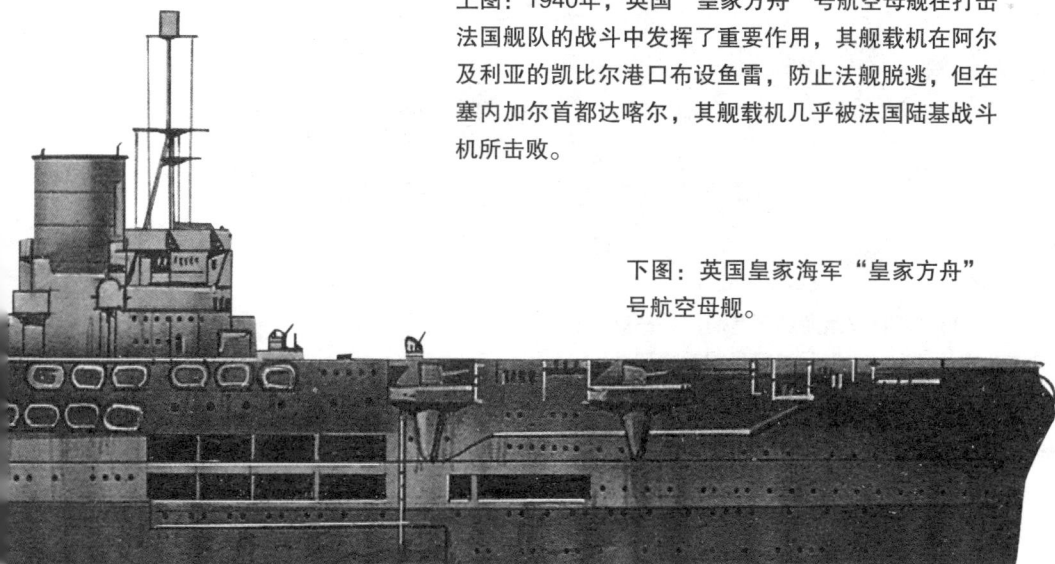

左图： 照片上是英国皇家海军"皇家方舟"号航空母舰、"声望"号战列巡洋舰和"谢菲尔德"号巡洋舰。在追击德国海军"俾斯麦"号战列舰时，"皇家方舟"号上的"剑鱼"鱼雷攻击机误炸了"谢菲尔德"号，但这一错误通过在恶劣天气条件下大胆使用鱼雷攻击，最终打断"俾斯麦"号的船舵而得到了补救。

上图： 1938年，朴次茅斯海军造船厂的一艘小型叶轮拖船将"皇家方舟"号航空母舰推离码头。

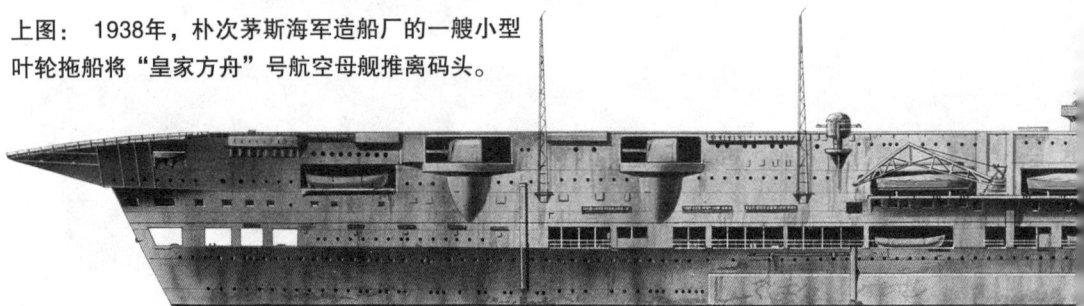

下图：英国皇家海军"皇家方舟"号航空母舰的船尾与众不同，其外伸幅度很大，可提供最大长度的飞行甲板。

下图：英国皇家海军"皇家方舟"号航空母舰装备了114毫米厚的装甲防护带。飞行甲板的防护装甲厚63毫米，起重机偏置。2座114毫米高射炮配置在飞行甲板边缘，这为它们提供了最佳的射击视野。

1940年4月，"皇家方舟"号出动舰载机掩护盟军部队从挪威撤离。1940年7月，它再次出动"剑鱼"舰载机对于停泊在奥兰和米尔斯克比尔的法国舰队进行攻击（代号"弹弓"行动）。同年晚些时候，它奉命在地中海海域执行护航任务。1941年5月，"皇家方舟"号参加了追歼德国海军"俾斯麦"号战列舰的行动，从它的甲板上起飞的"剑鱼"轰炸机投掷的鱼雷多次击中"俾斯麦"号，致使其失去控制并最终毁灭。

在接下来的几个月内，从"皇家方舟"号多次起飞各型飞机前去增援被德军围困的马耳他岛。当时，由于轴心国的飞机和潜艇在附近海域活动非常肆虐，上述作战行动面临着极大的风险。1941年11月13日，正当它结束一次任务后向着直布罗陀返航时，被德国海军U-81号潜艇发射的一枚鱼雷击中，最终在拖往港口的途中沉没，全体舰员除1人外全部获救。

下图：英国皇家海军"皇家方舟"号航空母舰在地中海海域击退了德军的空袭。1941年，"皇家方舟"号面对敌军的猛烈轰炸和鱼雷攻击，运载了大约170架"飓风"战斗机增援驻守马耳他的盟军部队。然而，就在一次完成运送任务返航途中，"皇家方舟"号被德国U-81号潜艇击沉。

下图：英国皇家海军"皇家方舟"号在运送飞机到马耳他之后返回直布罗陀途中，遭到德国U-81号潜艇的攻击，一枚鱼雷击中了右舷，船体开始发生倾斜。

"大胆"号护航航空母舰

　　"大胆"号航空母舰是英国皇家海军第一艘护航航空母舰，由1940年2月在西印度群岛俘虏的德国商船"汉诺威"号改建而成。"大胆"号的改建工作于1941年6月完成，同年9月开始在英国至直布罗陀航线上执勤。实战证明，它所搭载的"无足鸟"战斗机（美国格鲁曼公司制造）在搜索德国潜艇尤其是在对付"秃鹫"海上侦察机（1941年上半年，该型飞机所击沉的盟国商船吨位超过了包括U型潜艇在内的任何一种轴心国飞机或舰船）时的表现非常出色。9月21日，"大胆"号第一次执行作战巡航任务，它的一架"无足鸟"就击落了两架"秃鹫"。

　　在1941年12月14日开始的最后一次作战巡航中，"大胆"号上的"无足鸟"至少击落了4架"秃鹫"，另外一种舰载机"剑鱼"也对德军U型潜艇发起了猛烈进攻，迫使其中一艘因为无法下潜的潜艇U–131号不得不自行凿沉。然而，就在12月22日到23日夜间，"大胆"号被德国U–751号潜艇发射的鱼雷击沉。可以说，盟军之所以能够赢得大西洋海战的战略性胜利，数量众多的护航航空母舰发挥了非常关键的作用，而"大胆"号正是它们之中的先行者。

"大胆"号

舰型：护航航空母舰　　舰长：142.3米　　舰宽：17.06米　　吃水：8.38米
标准排水量：未知　　满载排水量：11172吨　　动力装置：柴油涡轮　　防护装甲：无
甲板装甲：无　　炮塔装甲：N/A　　主战火力：1门4英寸主炮
防空火力：6门20毫米高射炮　　舰载飞机：8架　　舰员编制：650人
下水日期：1939年3月　　航速：16节

"巴勒姆"号战列舰

　　1912—1913年，英国开工建造5艘"伊丽莎白女王"级快速战列舰，用来取代战列巡洋舰担任舰队进攻力量，"巴勒姆"号就是其中之一。

　　"巴勒姆"号1914年12月下水，1915年10月建成，随后编入英国皇家海军大舰队，参加了第一次世界大战期间著名的日德兰大海战，在战斗中6处负伤。经过1927—1928年的重建后，它在地中海海域一直服役到1939年，而后编入英国皇家海军本土舰队。1939年12月12日，它在苏格兰西海岸附近不慎撞沉了己方的"女公爵"号驱逐舰。然而，它的坏运气至此还没有结束，两周后又在克莱德河河口被德国U-30号潜艇发射的一枚鱼雷击伤。

　　"巴勒姆"号经过维修后被编入地中海舰队，在对达喀尔的进攻中，它被法

"巴勒姆"号

舰型：战列舰　　舰长：196米　　舰宽：31.7米　　吃水：10.41米

标准排水量：29616吨　　满载排水量：33528吨　　动力装置：蒸汽涡轮机

防护装甲：330.2毫米　　甲板装甲：76.2毫米　　炮塔装甲：330.2毫米

主战火力：8门15英寸主炮，4门6英寸副炮　　防空火力：2门4英寸高射炮

舰载飞机：2~3架　　舰员编制：1297人　　下水日期：1914年12月　　航速：25节

国战列舰"里舍利厄"号的舰炮击伤。1941年5月27日，德军在克里特岛实施空降作战，"巴勒姆"号在海岸附近遭到德军飞机的重创。后来，它数次执行对岸炮击任务，使用381毫米口径火炮对利比亚东部港市拜尔迪耶的敌军阵地进行猛烈轰击。1941年11月25日，它被德国U–331号潜艇发射的3枚鱼雷击中爆炸，在埃及索伦海岸附近沉没，舰上862名官兵丧生。

上图：U型潜艇被一枚深水炸弹击中爆炸的场景，如果U型潜艇所处的位置比深水炸弹引爆点还要深，就会逃脱由爆炸产生的最强烈的杀伤力。

"贝尔法斯特"号重巡洋舰

英国皇家海军重巡洋舰"贝尔法斯特"号及其姊妹舰"爱丁堡"号均于1936年12月开始动工建造，1938年3月下水。相比较而言，"贝尔法斯特"号的吨位要比"爱丁堡"号大出许多，事实上，它还是英国皇家海军有史以来所建造的吨位最大的一艘巡洋舰。

1939年11月，刚刚服役不久的"贝尔法斯特"号不幸触上一枚磁性水雷，水雷在舰体前部正下方的发动机舱发生剧烈爆炸，导致所有的机械设置破损，不得

"贝尔法斯特"号

舰型：重巡洋舰　　舰长：186.8米　　舰宽：19.2米　　吃水：6米

标准排水量：10805吨　　满载排水量：13386吨　　动力装置：蒸汽涡轮机

防护装甲：123.9毫米　　甲板装甲：76.2毫米　　炮塔装甲：101.6毫米

主战火力：12门6英寸主炮，12门4英寸副炮

防空火力：16门2磅高射炮，8挺0.5英寸高射机枪　　舰载飞机：3架

舰员编制：780人　　下水日期：1938年3月　　航速：33节

不返回造船厂进行大规模维修。1942年10月，经过一系列的现代化改进之后，它再次返回一线舰队服役，奉命在北极海域执行护航任务。1943年12月，它参加了发生在挪威北角海域的"北角海战"，此役一举击毁了德国海军"沙恩霍斯特"号战列巡洋舰。1944年6月6日，"贝尔法斯特"号参加了诺曼底登陆战役，为在朱诺海滩登陆的盟军部队提供火力支援。6月26日，它与其他战舰一道对位于卡昂地区的德军阵地进行猛烈炮击。

第二次世界大战结束后，"贝尔法斯特"号继续在英国皇家海军服役了许多年，并于1963年进行了改装，而后转入预备役。1966年，它被确定为一艘指挥舰。1971年，它被作为一个永久的纪念物锚泊在泰晤士河上的西蒙斯码头，接受数以万计的慕名而来的游客们的瞻仰。

上图：诺曼底登陆战役的海滩上，一些盟军士兵在炮火的支援下涉水上陆。

"百人队长"号战列舰

英国皇家海军"百人队长"号战列舰属于1910年问世的"英王乔治五世"级无畏舰，于1911年1月在德文波特动工建造，同年11月下水。

从1919年到1924年，"百人队长"号先后在地中海和黑海执勤。此后，被改建成为一艘远程控制靶船。

1939—1940年，"百人队长"号再次进行现代化改装，旨在与"安森"号战

"百人队长"号

舰型：战列舰　　舰长：181.2米　　舰宽：27.1米　　吃水：8.7米

标准排水量：23369吨　　满载排水量：26112吨　　动力装置：4台涡轮机

防护装甲：305毫米　　甲板装甲：102毫米　　炮塔装甲：279毫米

主战火力：10门343毫米主炮　　防空火力：4门102毫米高射炮　　舰载飞机：无

舰员编制：782人　　下水日期：1911年11月　　航速：21.75节

列舰协同作战。它充当的这种角色一直持续到1942年，而后前往埃及亚历山大港进行待命。1942年6月，它与其他战舰一道从亚历山大港口出发横渡地中海，向马耳他岛运送物资补给。客观地讲，当时的"百人队长"号已经严重老化过时，在敌人的空中打击面前几乎不堪一击。

接下来，"百人队长"号停泊在苏伊士运河南端，作为一个浮动的防空炮台使用。1944年6月，这位已经"年迈体衰"的"百人队长"号开始了一生中的最后一次航行，启程前往英吉利海峡。6月9日，它奉命沉没在诺曼底海岸附近，充当一个人工港口的防波堤。

上图：这是盟军人造浮动甲板上的情景。在人造港的制造过程中，盟军使用了数量惊人的钢材。

"约克公爵"号战列舰

英国皇家海军"约克公爵"号战列舰在1936年开始铺设龙骨时曾取名"安森"号，1938年更名为"约克公爵"号，1940年2月下水，1941年11月建成，属于"英王乔治五世"级战列舰。然而，就在"约克公爵"号建成仅仅1个月后，它的姊妹舰"威尔士亲王"号便在马来海战中被日军飞机发射的鱼雷击沉。

1941年12月，刚刚编入现役的"约克公爵"号执行了军事生涯中的第一项任务——运送英国首相温斯顿·丘吉尔横渡大西洋前往美国与富兰克林·罗斯福总统举行会晤。1942年开始，它主要在大西洋和北极海域执行护航任务，与其他战舰一道参与大西洋海战。1942年11月，它与英国皇家海军"罗德尼"号和"纳尔逊"号一道参加"火炬"行动，为盟军在北非的登陆行动提供火力支援。

1943年12月，"约克公爵"号参加了剿灭德国海军"沙恩霍斯特"号战列巡洋舰的北角海战。1945年8月，它经过整修之后加入英国皇家海军太平洋舰队，但由于抵达战场太晚，未能赶上对日本本岛的进攻作战。1951年11月，"约克公爵"号被封存起来转入预备役。1958年，它在苏格兰港口法斯莱恩被最终拆解。

"约克公爵"号

舰型：战列舰　　　舰长：227米　　　舰宽：31.39米　　　吃水：9.6米
标准排水量：38608吨　　　满载排水量：45517吨　　　动力装置：蒸汽涡轮机
防护装甲：381毫米　　　甲板装甲：152.4毫米　　　炮塔装甲：330.2毫米
主战火力：10门14英寸主炮，15门5.25英寸副炮　　　防空火力：64门2磅高射炮
舰载飞机：2架　　　舰员编制：1900人　　　下水日期：1940年2月　　　航速：29节

"达尼丁"号轻巡洋舰

　　"达尼丁"号是英国皇家海军在第一次世界大战刚刚结束时下水的8艘轻巡洋舰之一，它们中的大多数在远东、南大西洋和地中海服役。"达尼丁"号于1918年11月19日下水，1924—1937年与姊妹舰"狄俄墨得斯"号一道被借给新西兰皇家海军使用。

　　在第二次世界大战爆发前夕，"达尼丁"号重新编入英国皇家海军。从1939年9月6日开始，它加入北方巡逻队专门猎捕那些试图前往德国的敌国船只。1940年，它奉命执行运输队护航任务。1941年6月，它成功地捕获了在大西洋上活动的德国补给舰"洛林"号。几周后，它又俘虏了法国维希政权的两艘蒸汽船。

　　1941年11月24日，正当"达尼丁"号在海面上四处搜索那些协同德国商船袭击舰"亚特兰蒂斯"号作战的U型潜艇时，不幸被U–124号潜艇（艇长摩尔海军中校）发现，随即被后者使用鱼雷击沉。就这样，它成为同级8艘轻巡洋舰之中唯一一艘在交战中牺牲的战舰。在剩余7艘之中，除了"龙"号被作为防波堤沉没在诺曼底的人工港口之外，另外6艘均在战后被拆解。

"达尼丁"号

舰型：轻巡洋舰　　舰长：143.86米　　舰宽：14米　　吃水：4.87米
标准排水量：4663吨　　满载排水量：5811吨　　动力装置：蒸汽涡轮机
防护装甲：76.2毫米　　甲板装甲：25.4毫米　　炮塔装甲：25.4毫米
主战火力：6门6英寸主炮，2门3英寸副炮　　防空火力：2门2磅高射炮
舰载飞机：无　　舰员编制：450人　　下水日期：1918年11月　　航速：30节

"可畏"号舰队航空母舰

　　"可畏"号舰队航空母舰是英国皇家海军在1937年动工建造的四艘舰队航空母舰之一，另外三艘分别是"卓越"号、"不屈"号和"胜利"号。由于上述四舰均配置了装甲飞行甲板，这使得它们数次死里逃生。"可畏"号1939年8月下水，1940年11月建成。1941年3月，奉命前往地中海作战的"可畏"号刚刚抵达战区就参加了战斗。在1941年3月26—29日进行的马塔潘角海战中，从"可畏"号上起飞的舰载机（"剑鱼"鱼雷机）用鱼雷分别击中意大利战列舰"维托里奥·维内托"号和巡洋舰"波拉"号。这是英国皇家海军的一次胜利，从某种程度上讲，更是舰队航空兵的一次重大胜利。

　　1941年5月26日，"可畏"号在克里特海岸附近被德国空军炸成重伤，不得不前往美国弗吉尼亚州诺福克海军造船厂进行维修。1943年，重新参加战斗的"可畏"号编入驻直布罗陀的英国皇家海军H分舰队，并于同年晚些时候出动舰载机为在西西里岛和意大利本土登陆的盟军部队提供掩护。1944年，它转入英国皇家海军本土舰队服役，参加了猎歼德国海军"提尔皮茨"号战列舰的战斗。

　　1945年，"可畏"号进入太平洋并参加了冲绳外海的战斗。同年5月，它在日本本土附近海域先后两次遭到"神风"特攻队的自杀式攻击，但由于装甲飞行甲板的保护，没有受到太严重的伤害。"可畏"号于1948年转入预备役，1953年被拆解。

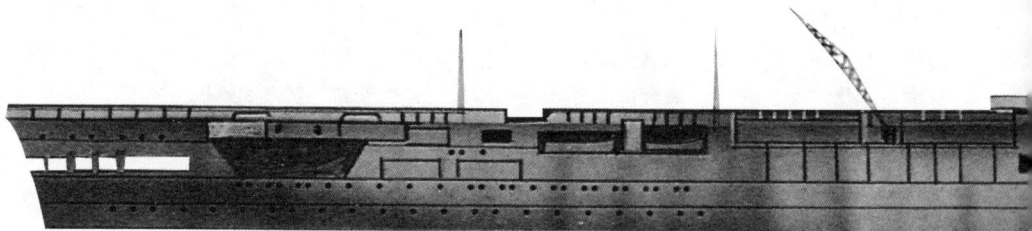

右图：从英国皇家海军战列舰"厌战"号上看到的"可畏"号航空母舰，后者参加了地中海上的大多数海战。1941年3月28日，"可畏"号上的舰载机在对意大利舰队的一次攻击中，重创了意大利巡洋舰"维托利奥·维尼托"号，削弱了巡洋舰"波拉"号的战斗力，后者随后沉没。

上图：英国皇家海军"可畏"号航空母舰从太平洋返回本土。尽管它的外表看起来仍然威风八面，但实际上已经遭受了严重毁坏。此后，该舰再也没有进行过任何修复。

"可畏"号

舰型：舰队航空母舰　　舰长：225.55米　　舰宽：28.96米　　吃水：8.54米
标准排水量：23957吨　　满载排水量：29078吨　　动力装置：蒸汽涡轮机
防护装甲：114.3毫米　　甲板装甲：50.8毫米　　炮塔装甲：N／A
主战火力：16门4.5英寸主炮　　防空火力：42门2磅高射炮　　舰载飞机：36架
舰员编制：1230人　　下水日期：1939年8月　　航速：32节

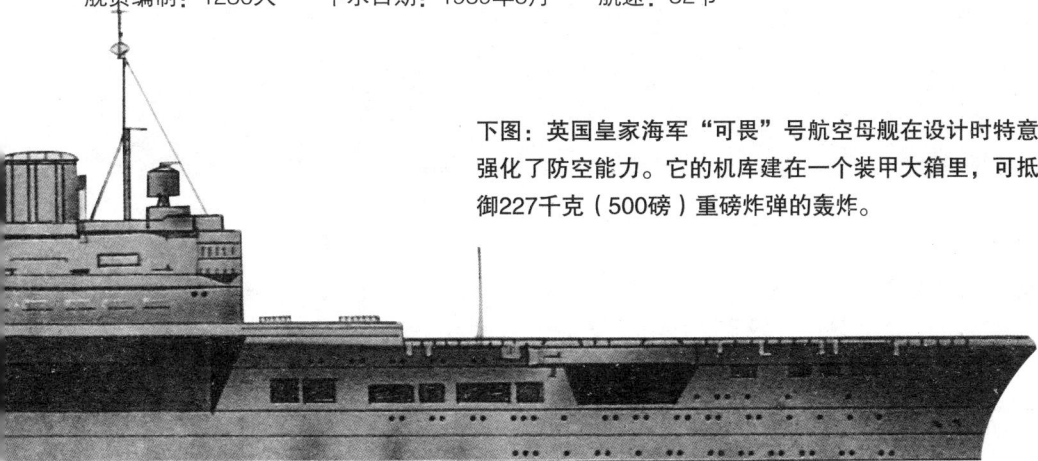

下图：英国皇家海军"可畏"号航空母舰在设计时特意强化了防空能力。它的机库建在一个装甲大箱里，可抵御227千克（500磅）重磅炸弹的轰炸。

"暴怒"号舰队航空母舰

英国皇家海军"暴怒"号舰队航空母舰于1916年8月下水，1917年6月建成。它最初曾被作为轻型战列巡洋舰进行建造，但在船尾加装了小型机库（可容纳4架单座战斗机和4架双座侦察机）和飞行甲板之后成为一艘航空母舰。1918年7月19日，"暴怒"号上的"索普威斯·骆驼"式舰载机对位于汤登地区的德国"齐

"暴怒"号

舰型：舰队航空母舰　　舰长：239.57米　　舰宽：27.12米　　吃水：8.23米

标准排水量：23165吨　　满载排水量：27229吨　　动力装置：蒸汽涡轮机

防护装甲：76.2毫米　　甲板装甲：50.8毫米　　炮塔装甲：N／A

主战火力：10门5.5英寸主炮，2门4英寸副炮　　防空火力：4门2磅高射炮

舰载飞机：36架　　舰员编制：1218人　　下水日期：1916年8月　　航速：31节

柏林"飞艇基地发起攻击，成功地击毁了 L.54 号和 L.60 号两艘飞艇，使人们提前预测到即将到来的第二次世界大战的海空激战的场面。

1921—1925 年，"暴怒"号铺设了一条直通式飞行甲板，从而彻底改建成为一艘航空母舰。1933 年，它在改装过程中又增加了一座岛形上层建筑。在 1940 年的挪威战役期间，它向战区派出大批战斗机进行增援。一年后，它在地中海上再次大显身手，为被德意军队围困的马耳他岛送去了增援的战斗机。

1941 年 6 月，德国入侵苏联。"暴怒"号开始在北极海域进行作战，多次出动舰载机攻击挪威港口的德军设施。1944 年，在围歼德国海军"提尔皮茨"号战列舰的战斗中，人们再次见到了"暴怒"号上的舰载机群的矫健身影。就在同一年，"暴怒"号退出现役转入预备役。1948 年，"暴怒"号这艘历经两次世界大战的功勋战舰最终被拆解。

上图和下图："暴怒"号是第一艘在战争中起飞舰载机进行攻击的舰船。英国人建造该舰的最初目的，是遵照费希尔海军上将的指令，计划在第一次世界大战期间用来进攻德国波罗的海沿岸的军事设施。

"竞技神"号舰队航空母舰

　　1917年4月，英国皇家海军决定建造"竞技神"号舰队航空母舰，它将成为世界上第一艘专门设计用来搭载常规飞机进行作战的航空母舰。它使用了一种小型的类似巡洋舰的舰体和发动机，配置一条直通式飞行甲板，岛形上层建筑和烟囱均建在右舷。尽管它的船体较小，但航速高达25节，性能非常先进。然而，直到1918年1月，这艘航空母舰才开始建造，1919年11月11日下水，1924

"竞技神"号

舰型：舰队航空母舰　　　舰长：182.88米　　　舰宽：21.41米　　　吃水：6.55米
标准排水量：11024吨　　　满载排水量：13208吨　　　动力装置：锅炉和蒸汽涡轮机
防护装甲：76.2毫米　　　甲板装甲：25.4毫米　　　炮塔装甲：N/A　　　主战火力：6门5.5英寸主炮
防空火力：3门4英寸高射炮，6门20毫米高射炮，8挺0.5英寸高射机枪
舰载飞机：20架　　　舰员编制：700人　　　下水日期：1919年9月　　　航速：25节

年2月建成。由于战后经济的衰退，这艘计划于1921年服役的航空母舰一直拖到1925年才正式编入现役，随后在远东地区服役达数年之久，并于1933年进行了一次改装。

第二次世界大战爆发时，"竞技神"号正在南大西洋海域活动。1940年7月，它出动舰载机——"剑鱼"式鱼雷轰炸机对停泊在西非港口达喀尔的法国新型战列舰"里舍利厄"号进行了攻击。此后不久，它奉命前往东印度群岛部署。1941年2月，英军对索马里兰的意大利军队发起进攻，当时正在印度洋上活动的"竞技神"号提供了支援。随后几个月内，它参与了在印度洋和南大西洋的运输队护航行动。

1942年年初，"竞技神"号编入驻锡兰（今斯里兰卡）亭可马里的英国皇家海军东方舰队。1942年4月8日，英军航空侦察发现在锡兰以东740千米处出现日本航空舰队。为了躲避日机轰炸，"竞技神"号和其他英舰紧急离港出海。9日清早，在38架战斗机的护航下，日军9架高空轰炸机和俯冲轰炸机如期飞临亭可马里上空进行轰炸。然而，就在结束轰炸返航途中，日机发现了这支包括航母"竞技神"号、驱逐舰"吸血鬼"号（澳大利亚）、轻巡洋舰"蜀葵"号和2艘

上图：1942年4月，"竞技神"号遭到日本航空母舰的舰载机攻击后，沉没于锡兰（今斯里兰卡）海域。当时，英国皇家海军在远东作战的一个重要缺陷在于，航空母舰居然没有搭载舰载机，在遭到攻击的情况下甚至没有发出求救信号的手段。

油船在内的英国舰队。3个小时后，日军80架俯冲轰炸机飞抵距亭可马里104千米的海域，将以上3艘战舰和2艘油船全部击沉。当时，"竞技神"号上没有搭载任何舰载机，防空火力也极为薄弱，只有绝望地向亭可马里基地发出呼救，但幸存的英军战斗机却无法对其进行救援。最终，300多名舰员与"竞技神"号一起沉入大海。

上图："竞技神"号大部分的服役生涯是在远东地区度过的。从这幅照片可以清晰地看出，该舰的岛形上层建筑异乎寻常的庞大。它是专门按照航空母舰设计建造的军舰，其舰载机数量同"鹰"号一样多，但"鹰"号的排水量是它的两倍。最终，日本的"苍龙"号、"赤城"号和"飞龙"号在排水量约为前者一半的情况下，也达到了与前者相同的载机量。

下图：这是英国皇家海军第一艘航空母舰"竞技神"号的侧面轮廓图(日本海军"凤翔"号实际上要早于该舰1年服役)，它借鉴了轻型巡洋舰的设计进行建造，舰上装备了6门5.5英寸(140毫米)口径火炮，因为那时还没有人相信飞机能够单独击退敌人的水面进攻。

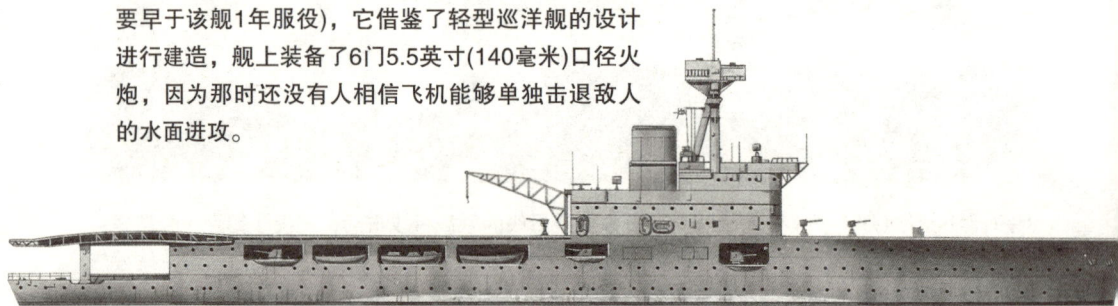

"爱丁堡"号巡洋舰

1938年3月31日，英国皇家海军"爱丁堡"号巡洋舰下水，此时距离它的姊妹舰"贝尔法斯特"号下水刚好两周时间。在第二次世界大战爆发后的最初几周，上述两艘舰奉命在挪威海域活动，拦截那些试图偷越封锁线返回本土的德国船只。

在整个1940年，"爱丁堡"号主要从事运输队的护航任务。1941年，它执行了一次比较特殊的任务——进入北极海域猎杀几艘德国气象观测船。1941年5月，它参与了追歼德国海军战列舰"俾斯麦"号的战斗。同年7月，它奉命前往地中海执行运输队护航任务，与驻直布罗陀的第18巡洋舰中队并肩作战了数月之久。

1942年的最初几周，"爱丁堡"号奉命进入北极航线保护前往苏联的盟国运输队。这是一项极其危险的任务。就在4月30日这天，它被德国海军U-456号潜艇（艇长特伊舍尔特海军中校）发射的2枚鱼雷击中，几乎动弹不得。即便如此，它还是成功地重创了前来攻击自己的德国海军"赫尔曼·舍曼"号驱逐舰。不幸的是，"爱丁堡"号紧接着又被另外一艘德舰发射的鱼雷击中，最后不得不弃舰。1942年5月2日，英国驱逐舰"远见"号发射的一枚鱼雷将它彻底击沉。

"爱丁堡"号

舰型：巡洋舰　　　舰长：18.7米　　　舰宽：19.2米　　　吃水：8.83米
标准排水量：10805吨　　　满载排水量：13386吨　　　动力装置：蒸汽涡轮机
防护装甲：124毫米　　　甲板装甲：76.2毫米　　　炮塔装甲：101.6毫米
主战火力：12门6英寸主炮，12门4英寸副炮　　　防空火力：16门2磅高射炮，8挺0.5英寸高射机枪
舰载飞机：3架　　　舰员编制：780人　　　下水日期：1938年3月　　　航速：33节

"胡德"号战列巡洋舰

　　1915年，英国皇家海军开工建造"胡德"号战列巡洋舰，1918年8月22日下水，1920年3月最终建成。虽然它是作为战列巡洋舰进行设计的，实质上却属于"伊丽莎白女王"级战列舰的加强型，主要用来对付德国在1915年年初开工建造的强大的"麦肯森"级战列巡洋舰。"胡德"号满载排水量高达46939吨，从建成服役直到第二次世界大战，它一直是世界上吨位最大的战舰。为了实现32节的高航速的目标，它牺牲了甲板防护装甲，也因而成为当时世界上速度最快的战舰之一。

　　1923—1924年，"胡德"号进行了一次旨在宣扬其强大威力的全球航行。第二次世界大战爆发后，它执行的第一项作战任务是参与构筑"冰岛—法罗群岛—英国封锁线"，对于德国军事和民用船只进行堵截。1940年7月，为了防止法国舰队落入德国人之手，它参加了炮击法国港口米尔斯克比尔的战斗（代号"弹弓"行动）。1940年年底，它进行了一次较大规模的改装，弹着观察机的弹射器被拆除，防空火力得到了加强。

　　1941年5月，"胡德"号与"威尔士亲王"号战列舰奉命一起出航，前往丹麦海峡截击德国海军战列舰"俾斯麦"号和重巡洋舰"欧根亲王"号。在激烈的追逐战中，"胡德"号的装

"胡德"号

舰型：战列巡洋舰　　舰长：262.2米　　舰宽：32米　　吃水：10.14米
标准排水量：42774吨　　满载排水量：46939吨　　动力装置：锅炉和蒸汽涡轮机
防护装甲：304.8毫米　　甲板装甲：76.2毫米　　炮塔装甲：279.4毫米
主战火力：8门15英寸主炮　　防空火力：14门4英寸高射炮，24门2磅火炮，8挺0.5英寸高射机枪
舰载飞机：无　　舰员编制：1421人　　下水日期：1918年8月　　航速：28.8节

甲防护薄弱的甲板被"俾斯麦"号的一次舰炮齐射击中，其中一发炮弹击穿轻型甲板，落入船尾弹药舱引起爆炸。在一声巨大的爆炸之后，"胡德"号迅速解体沉没，瞬间便从海面上消失了，舰上1338名官兵葬身大海，其损毁速度之快令在场所有的目击者目瞪口呆、极度恐惧。

"不屈"号舰队航空母舰

1940年3月26日，英国皇家海军"卓越"级航空母舰"不屈"号下水，1941年10月最终建成。同年11月，"不屈"号在西印度群岛牙买加海域搁浅，因而延误了前往印度洋海域支援英国皇家海军东方舰队作战的行程。然而，这次意外对它而言也许非常幸运，因为其搭载的航速极低的舰载机根本不是日军飞机的对手，倘若参战的话，只能加重英国人的损失。

1942年5月，"不屈"号与姊妹舰"卓越"号共同参加了进攻驻马达加斯加的维希法国军队的战斗。1943年7月，"不屈"号为进攻西西里岛的盟军登陆部队提供空中掩护，但在战斗中不幸被意大利军队的一枚鱼雷击中。

"不屈"号

舰型：舰队航空母舰　　舰长：243.84米　　舰宽：28.87米　　吃水：8.45米
标准排水量：22709吨　　满载排水量：28593吨　　动力装置：锅炉和蒸汽涡轮机
防护装甲：101.6毫米　　甲板装甲：76.2毫米　　炮塔装甲：N／A
主战火力：16门4.5英寸主炮　　防空火力：16门2磅高射炮，10挺20毫米高射机枪
舰载飞机：55架　　舰员编制：1600人　　下水日期：1940年3月　　航速：31节

上图：尽管防护装甲要比姊妹舰相对轻薄，但"不屈"号却承受了很多打击。在"支座行动"中，它在遭到2枚500千克炸弹重创之后幸存下来。

1944年7月，"不屈"号再次加入东方舰队，与"卓越"号航空母舰一道对苏门答腊岛上的日军交通线发起了一连串的空中打击。1945年1月，它从锡兰（今斯里兰卡）亭可马里港口出发前往澳大利亚悉尼港口，与其同行的航空母舰还有"卓越"号、"不倦"号和"胜利"号，它们将在那里组成英国皇家海军太平洋舰队的核心力量。1945年4月，在冲绳海战中，"不屈"号和其他许多战舰一样遭到了日本"神风"特攻队的自杀式攻击并负伤。5月，它在进攻群岛的战斗中再次负伤。接下来，它执行了自己在第二次世界大战期间的最后一次任务——率领一支特混舰队重新占领香港。战后，"不屈"号进行了一次大规模改装，1953年转入预备役，1955年被最终拆解。

"凯利"号驱逐舰

1938年10月25日，由霍索恩–莱斯利公司承建的英国皇家海军K级驱逐舰"凯利"号举行下水仪式，它注定要在王牌舰长路易斯·蒙巴顿爵士的指挥下成为一艘著名的战舰（英国电影《我们战斗的地方》生动描绘了这艘战舰和它的官兵们的战斗与生活，反映出战时英国皇家海军的乐观向上和必胜信念）。在挪威战役的最后阶段，"凯利"号表现非常突出，积极掩护盟军部队从纳姆索斯等地撤离。1940年5月10日，它和另外6艘驱逐舰以及"伯明翰"号巡洋舰一起出击斯卡格拉克海峡，在战斗中被德军鱼雷击伤，最后不得不在"牛头犬"号驱逐舰的拖曳下返回英国泰恩河畔的纽卡斯尔。接下来，经过维修的"凯利"号被派往地中海海域执勤，它将在那里和所有的K级、J级驱逐舰并肩作战，并将承受巨大的伤亡考验。

　　1941年5月初，"凯利"号开始执行运输队护航任务，同时负责对敌军海岸，尤其是利比亚港口班加西实施炮击。K级驱逐舰的防空火力非常薄弱，这一严重缺陷后来导致了致命的后果：1941年5月23日，"凯利"号和姊妹舰"克什米尔"号在克里特岛海域被德国空军"斯图卡"俯冲轰炸机相继击沉。当时，在地中海活动的17艘英国皇家海军K级和J级驱逐舰，被敌军击沉了不少于12艘。

"凯利"号

舰型：驱逐舰　　　舰长：108.66米　　　舰宽：10.87米　　　吃水：2.74米

标准排水量：1722吨　　　满载排水量：2367吨　　　动力装置：锅炉和蒸汽涡轮机

防护装甲：19毫米　　　甲板装甲：12.7毫米　　　炮塔装甲：12.7毫米

主战火力：6门4.7英寸主炮　　　防空火力：4门2磅高射炮，8挺0.5英寸高射机枪

舰载飞机：无　　　舰员编制：218人　　　下水日期：1938年10月　　　航速：36.5节

"英王乔治五世"号战列舰

1936—1937年，英国皇家海军动工建造5艘"英王乔治五世"级战列舰，主要用来替代1913年建造的"君主"级战列舰。除了"英王乔治五世"号之外，另外4艘同级战列舰分别是"安森"号、"约克公爵"号、"豪"号和"威尔士亲王"号。其中，"威尔士亲王"号后来在1941年12月的马来海战中被日本舰载航空兵击沉在马来半岛附近海域。

"英王乔治五世"号战列舰于1939年2月21日下水，1940年12月11日最终建成，随即被编入英国皇家海军本土舰队服役。1941年1月，它执行了自己军事生涯中的第一项任务：护送英国首相温斯顿·丘吉尔横跨大西洋前往美国与富兰克林·罗斯福总统进行会晤（它的姊妹舰"约克公爵"号也参与了这次行动）。同

"英王乔治五世"号

舰型：战列舰　　舰长：227米　　舰宽：31.39米　　吃水：9.6米
标准排水量：36566吨　　满载排水量：41646吨　　动力装置：锅炉和蒸汽涡轮机
防护装甲：406.4毫米　　甲板装甲：152.6毫米　　炮塔装甲：330.2毫米
主战火力：10门14英寸主炮，8门5.25英寸副炮　　防空火力：32门2磅高射炮，6门20毫米高
射炮　　舰载飞机：3架　　舰员编制：2000人　　下水日期：1939年2月　　航速：28.5节

年5月，它参加了围歼德国海军战列舰"俾斯麦"号的行动，与"罗德尼"号战列舰一起用猛烈的舰炮火力将后者击沉在北大西洋海域。接下来，"英王乔治五世"号战列舰先后在北极海域和地中海海域（作为H分舰队中的一员）执行运输队护航任务，并于1943年参加了西西里岛和萨莱诺的登陆战役，为盟军部队提供舰炮火力支援。

　　1944年，经过整修的"英王乔治五世"号编入英国皇家海军太平洋舰队服役。1945年，它多次执行对岸炮击任务，其中一些直接针对日本本土。1945年7月9日，它向东京附近的日立工厂发射了267发口径14英寸的巨型炮弹。1949年，"英王乔治五世"号退出现役，1958年被最终拆解。

上图：英国战列舰配备的40毫米口径的炮弹。在当时，英国许多战舰均装备了该种口径火炮，实践证明它是一种相当高效的近距离防空武器。

"纳尔逊"号战列舰

　　第一次世界大战结束后，英国皇家海军开工建造第一批战列舰"纳尔逊"号及其姊妹舰"罗德尼"号。"纳尔逊"号于1925年9月3日下水，1927年6月最终建成，它的命名是为了纪念18—19世纪著名的海军统帅纳尔逊爵士（1758—1805，他在1805年的特拉法尔加海战中击败法国—西班牙联合舰队，巩固了英国的海上强国地位，迫使拿破仑放弃了渡海进攻英国的企图）。它的设计比较独特，所有主炮均配置在舰体前部。从1927年到1941年，它一直担任着驻奥克尼群岛斯卡帕湾基地的英国皇家海军本土舰队的旗舰。

　　1939年9月4日，就在第二次世界大战爆发的第二天，"纳尔逊"号在苏格兰西北部的奥湖基地附近触雷负伤，成为最早的一批战争伤员。1940年8月，返回前线的"纳尔逊"号被派往地中海执行护航任务，多次掩护盟军运输队向被围困

"纳尔逊"号

舰型：战列舰　　舰长：216.4米　　舰宽：32.3米　　吃水：10.79米
标准排水量：36576吨　　满载排水量：43830吨　　动力装置：锅炉和齿轮传动汽轮机
防护装甲：355.6毫米　　甲板装甲：152.4毫米　　炮塔装甲：406.4毫米
主战火力：9门16英寸主炮，12门6英寸副炮　　防空火力：6门4.7英寸高射炮，8门2磅高射炮
舰载飞机：无　　舰员编制：1314人　　下水日期：1925年9月　　航速：23节

的马耳他岛运送补给物资。1941年9月27日，它在一次护航行动中被意大利空军战机发射的鱼雷击中，不得不退出战斗进行维修，一直到1942年8月。

1943年9月29日，盟国与意大利在"纳尔逊"号的甲板上签署《停战协定》。1944年6月，在诺曼底登陆战役期间，它作为一艘预备队战舰进行戒备，随时准备应西部特混大队的需要参加战斗。7月12日，它再次被鱼雷击伤，这一次发射鱼雷的是德国海军S–138号鱼雷快艇。在美国费城进行维修后，它被分配到英国皇家海军东方舰队服役，在印度洋上战斗到战争结束。1948年，"纳尔逊"号战列舰被最终拆解。

下图："纳尔逊"号战列舰。

"纽卡斯尔"号巡洋舰

"纽卡斯尔"号巡洋舰是英国皇家海军在1936—1937年相继下水的8艘巡洋舰之一，另外7艘分别是："南安普敦"号、"伯明翰"号、"格拉斯哥"号、"谢菲尔德"号、"利物浦"号、"曼彻斯特"号和"格洛斯特"号。"纽卡斯尔"号最初曾被命名为"弥诺陶洛斯"（希腊神话中的人身牛头怪物），于1936年1月23日下水，成为同级巡洋舰之中最先下水的战舰。

1939—1940年，"纽卡斯尔"号在英国皇家海军第18巡洋舰中队服役，大部分时间内驻扎在距离自己家乡（即纽卡斯尔港口）不远的泰恩河上。1940年下半年，它奉命前往直布罗陀支援地中海上的战斗。同年11月，它参加了英国皇家海军与意大利海军之间进行的特乌拉达角（位于撒丁岛附近）海战。1941

年，它曾一度奔赴南大西洋海域执行商船袭击任务。但是，它在1941—1942年的主要任务是在地中海上为运输队提供护航，对付来自轴心国海上舰艇和陆基飞机的袭击行动。这是一项极其危险的工作，在马耳他海域尤其如此。

1944年，"纽卡斯尔"号进入印度洋海域，与英国皇家海军东方舰队一道执行运输队护航任务。除此之外，它还负责为进攻苏门答腊岛等日军阵地的航空母舰提供保护。直到战争结束，它仍在印度洋海域执勤。在8艘同级巡洋舰之中，有3艘——"南安普敦"号、"曼彻斯特"号和"格洛斯特"号——在第二次世界大战的战场上英勇捐躯。

"纽卡斯尔"号

舰型：巡洋舰　　舰长：180.13米　　舰宽：19.5米　　吃水：6.09米

标准排水量：9649吨　　满载排水量：11725吨　　动力装置：蒸汽涡轮机

防护装甲：123.95毫米　　甲板装甲：50.8毫米　　炮塔装甲：25.4毫米

主战火力：12门6英寸主炮，8门4英寸副炮　　防空火力：8门2磅高射炮，8挺0.5英寸高射机枪

舰载飞机：3架　　舰员编制：750人　　下水日期：1936年1月　　航速：32.5节

"伊丽莎白女王"号无畏舰

　　1912年，英国皇家海军开工建造5艘"伊丽莎白女王"级无畏舰，它们分别是"伊丽莎白女王"号、"巴勒姆"号、"马来亚"号、"勇敢"号和"厌战"号。英国皇家海军曾经打算建造第6艘该级无畏舰"阿金库尔"号，但始终未能实施。"伊丽莎白女王"级战列舰属于快速战列舰，主要用来替代战列巡洋舰担任作战舰队的进攻联队，重点针对敌方战列舰实施攻击。此外，"伊丽莎白女王"级还是第一批装备380毫米口径主炮和使用燃油发动机的战列舰。

　　"伊丽莎白女王"号于1913年10月16日下水，1915年1月最终建成。1915年

"伊丽莎白女王"号

舰型：无畏舰　　舰长：195.98米　　舰宽：31.69米　　吃水：10.21米
标准排水量：29616吨　　满载排水量：33528吨　　动力装置：蒸汽涡轮机
防护装甲：330.2毫米　　甲板装甲：63.5毫米　　炮塔装甲：330.2毫米
主战火力：8门15英寸主炮，4门6英寸副炮　　防空火力：2门4英寸高射炮
舰载飞机：无　　舰员编制：951人　　下水日期：1913年10月　　航速：25节

2月19日，刚刚服役的"伊丽莎白女王"号参加英法联合舰队，对达达尼尔海峡入口处的土耳其军队炮台进行猛烈炮击。在空中侦察机的协助下，"伊丽莎白女王"号强大的380毫米主炮炮弹穿越盖利博卢半岛，准确击中土军防御工事背后相对薄弱的阵地。在达达尼尔海峡战役结束后，"伊丽莎白女王"号编入英国皇家海军大舰队，并在1916—1918年间担任旗舰。然而，它的防空作战能力始终显得力不从心。

从第一次世界大战结束到第二次世界大战爆发前的这段时期，"伊丽莎白女王"号一直在地中海服役，先后于1926—1927年和1937—1940年进行了大规模重建。1941年1月，它再次编入现役，母港设在埃及亚历山大港。1941年12月，意大利海军出动3个"人操鱼雷"（一种装有可分离战斗部的袖珍潜航器）小组袭击亚历山大港，将鱼雷放置在"伊丽莎白女王"号及其姊妹舰"勇敢"号的龙骨下面，而后进行引爆，两艘英舰均遭受重创。接下来，"伊丽莎白女王"号前往美国弗吉尼亚州诺福克造船厂进行维修，于1943年6月再次返回前线。在英国皇家海军本土舰队结束一轮轮值之后，它被派往印度洋加入东方舰队，在那里多次炮击位于缅甸和苏门答腊岛上的日军阵地。幸运的是，它没有受到日本海军航空兵的特别"关照"，否则极有可能在对方的猛烈进攻下葬身鱼腹。1948年，"伊丽莎白女王"号被拆解。

上图：英国"伊丽莎白女王"号无畏舰参加了1915年的达达尼尔海峡战役，后来编入英国皇家海军大舰队服役。它在第二次世界大战期间又参加了多次战役。

"威尔士亲王"号战列舰

　　"英王乔治五世"级战列舰"威尔士亲王"号于1939年5月3日下水，1941年3月建成，是当时英国皇家海军性能最先进、火力最强大的战舰。事实上，当它于1941年5月奉命出海追击德国海军"俾斯麦"号战列舰的时候，还没有真正彻底完工，船上当时仍有许多工程技术人员在忙碌着。1941年5月24日，"威尔士亲王"号与德国海军战列舰"俾斯麦"号、重巡洋舰"欧根亲王"号在丹麦海峡发生遭遇战，在身中7发炮弹后被迫脱离战场。与其同行的战列巡洋舰"胡德"号在这次交战中被击沉。

　　1941年8月，"威尔士亲王"号护送英国首相温斯顿·丘吉尔前往纽芬兰与美国总统富兰克林·罗斯福会晤，两位首脑随后就在"威尔士亲王"号的甲板上签署了著名的《大西洋宪章》，承诺将为保卫双方的共同利益而战。1941年12月，在战列巡洋舰"反击"号的陪同下，"威尔士亲王"号抵达新加坡并成为英国海军上将汤姆·菲利普爵士的旗舰。12月10日，正当"威尔士亲王"号四处搜寻日军登陆部队时，被日军航母舰载机投掷的炸弹和鱼雷击沉在马来海域，与它一起葬身大海的还有包括菲利浦海军上将在内的327名官兵。这次海战不但展示了空中力量的强大威力，还标志着战列舰作为海军主力战舰时代的结束。

"威尔士亲王"号

舰型：战列舰　　舰长：227.07米　　舰宽：31.39米　　吃水：9.6米
标准排水量：35565吨　　满载排水量：41646吨　　动力装置：蒸汽涡轮机
防护装甲：406.4毫米　　甲板装甲：152.4毫米　　炮塔装甲：330.2毫米
主战火力：10门14英寸主炮，8门5.25英寸副炮
防空火力：32门2磅高射炮，16挺0.5英寸高射机枪　　舰载飞机：2架
舰员编制：2000人　　下水日期：1939年5月　　航速：29节

"反击"号战列巡洋舰

　　英国皇家海军战列巡洋舰"反击"号下水日期和建成日期均在1916年，服役后被编入英国皇家海军大舰队。然而，原本有可能在第一次世界大战中大显身手的"反击"号却因为一个意外事件——1917年12月与"澳大利亚"号战列巡洋舰发生碰撞并负伤——暂时中断了自己在战争中的使命。1921—1922年，"反击"号进行了一次较大规模的改装，增加了舰体防护装甲的厚度，加装了鱼雷发射管。1923—1924年，它进行了一次环球巡航。

　　1932—1936年，"反击"号再次进行改装，扩建了上层建筑的规模，增加了飞机机库和弹射器，加强了防空火力系统。随后，它被部署到地中海海域执勤，直到1938年再次编入英国皇家海军本土舰队为止。

"反击"号

舰型：战列巡洋舰　　舰长：242米　　舰宽：27.43米　　吃水：9.67米

标准排水量：32512吨　　满载排水量：38000吨　　动力装置：蒸汽涡轮机

防护装甲：228.6毫米　　甲板装甲：88.9毫米　　炮塔装甲：279.4毫米

主战火力：6门15英寸主炮，9门4英寸副炮

防空火力：24门2磅高射炮，16挺0.5英寸高射机枪　　舰载飞机：4架

舰员编制：1309人　　下水日期：1916年8月　　航速：32节

第二次世界大战爆发初期，"反击"号与其他战舰一道在海上搜索那些偷越封锁线的德国舰船。1940年4月，它经历了发生在挪威海域的诸多战斗。1941年5月，它参与围歼德国海军战列舰"俾斯麦"号。同年晚些时候，它和"威尔士亲王"号战列舰奉命前往远东加强新加坡的防御。这是一项致命的决定，就在12月10日这一天，正当它们四处寻找企图在马来海岸登陆的日军部队并与之进行作战的时候，被日军飞机击沉在马来半岛东海岸。

"罗德尼"号战列舰

　　"罗德尼"号是英国皇家海军"纳尔逊"级战列舰之中最著名的一艘战舰，它的命名是为了纪念18世纪英国著名的海军统帅——海军上将乔治·布里奇斯·罗德尼爵士（1718—1792年）。"罗德尼"号于1925年12月17日下水，1927

"罗德尼"号

舰型：战列舰　　舰长：216.4米　　舰宽：32.3米　　吃水：10.76米

标准排水量：36576吨　　满载排水量：43830吨　　动力装置：蒸汽涡轮机

防护装甲：355.6毫米　　甲板装甲：152.4毫米　　炮塔装甲：406.4毫米

主战火力：9门16英寸主炮，12门6英寸副炮　　防空火力：6门4.7英寸高射炮，8门2磅高射炮

舰载飞机：无　　舰员编制：1314人　　下水日期：1925年12月　　航速：23节

年8月建成。

第二次世界大战爆发初期，"罗德尼"号在北大西洋海域执行封锁作战，拦截那些试图偷越封锁线的德国舰船。1940年4月，德国入侵挪威的战役打响后，它奉命前往挪威海域作战，在战斗中被德军飞机击伤。

在美国马萨诸塞州波士顿造船厂进行维修和改装之后，"罗德尼"号于1941年再次加入现役，及时地参加了围歼德国海军战列舰"俾斯麦"号的战斗，它的大口径火炮在其中发挥了重要作用。后来，它被部署到直布罗陀执勤，为前往马耳他岛运送物资的盟军船队护航。1942年11月，它与其他战舰一起组成支援舰队，掩护在北非登陆的盟军部队。第二年，它再次为盟军在西西里岛和意大利南部的登陆行动提供支援。

1944年6月6日，盟军发起诺曼底登陆战役，"罗德尼"号作为预备队战舰参与其中，准备随时支援东部特混舰队作战，但最终未能在战场上大显身手。接下来，它继续执行运输队护航任务，但这一次是在北极海域。1948年，"罗德尼"号被拆解。

"皇家君主"号无畏舰

英国皇家海军无畏级战列舰"皇家君主"号1915年4月29日下水，1916年最终建成，随即在英国皇家海军大舰队一直服役到第一次世界大战结束。从第一次世界大战结束到第二次世界大战爆发这段时期，它相继进行了两次大规模改装。1939—1941年，它在英国皇家海军本土舰队服役，先后在大西洋和地中海海域执行护航作战任务。1941年，它再次进行改装。1942年，它与另外4艘曾经参加过第一次世界大战的老式战舰一起编入东方舰队，前往印度洋海域作战。

1944年5月30日，"皇家君主"号被借给苏联海军使用，并更名为"阿尔汗格尔斯克"号。在北极海域的护航作战中，它作为苏联副海军人民委员、喀琅施塔得海军基地司令戈尔杰伊·伊万诺维奇·列夫琴科海军上将（1897—1981

年）的旗舰，率领一支强大的护航舰队接应来自美英盟国的运输队并将其安全护送到科拉港。在此期间，它曾数次遭遇险情，但均化险为夷。例如在1944年8月23日，正当它为JW-59运输队护航时，突然遭到德国海军U-711号潜艇的鱼雷攻击，幸亏鱼雷提前爆炸，否则后果不堪设想。

"皇家君主"号

舰型：无畏舰　　舰长：191.19米　　舰宽：26.97米　　吃水：8.68米

标准排水量：28448吨　　满载排水量：31496吨　　动力装置：蒸汽涡轮机

防护装甲：330.2毫米　　甲板装甲：50.8毫米　　炮塔装甲：330.2毫米

主战火力：8门15英寸主炮，12门6英寸副炮　　防空火力：8门4英寸高射炮，16挺2磅高射机枪

舰载飞机：1架　　舰员编制：910人　　下水日期：1915年4月　　航速：21.5节

"谢菲尔德"号巡洋舰

　　英国皇家海军"南安普敦"级巡洋舰"谢菲尔德"号于1936年7月23日下水，1937年8月最终建成。第二次世界大战爆发时，它正在英国皇家海军本土舰队第2巡洋舰中队服役。1940年4月，它作为运兵船将第146步兵旅运送到挪威。同年8月，它奉命前往直布罗陀加入H分舰队在地中海作战。1941年5月，它和其他英国战舰一道参加了截击德国海军"俾斯麦"号战列舰的战斗。在战斗中，它由于被己方"剑鱼"鱼雷轰炸机的飞行员误判为"俾斯麦"号，险些被其发射的鱼雷击中。

　　随后，"谢菲尔德"号被重新编入英国皇家海军本土舰队，在北极海域执行运输队护航作战任务。1942年12月，它参加了著名的"巴伦支海海战"，在战斗中取得了骄人的战绩，使用舰炮火力重创德国海军重巡洋舰"希佩尔海军上将"号，并将"弗雷德里希·艾考尔德特"号驱逐舰击沉。

　　1943年12月，"谢菲尔德"号和皇家海军其他战舰一道截击德国海军"沙恩霍斯特"号战列巡洋舰，并将其成功击沉在挪威北角海域，这就是著名的"北角海战"。此后，它数次参与袭击"提尔皮茨"号战列舰的行动，为参战的航空母舰提供护航。战后，"谢菲尔德"号继续在英国皇家海军服役，表现非常积极，最终在1967年被拆解。

"谢菲尔德"号

舰型：巡洋舰　　舰长：180.29米　　舰宽：18.82米　　吃水：5.18米
标准排水量：9246吨　　满载排水量：11532吨　　动力装置：蒸汽涡轮机
防护装甲：114.3毫米　　甲板装甲：38.1毫米　　炮塔装甲：25.4毫米
主战火力：12门6英寸主炮，8门4英寸副炮　　防空火力：8门2磅高射炮，8挺0.5英寸高射机枪
舰载飞机：2架　　舰员编制：750人　　下水日期：1937年8月　　航速：32节

"特立尼达"号轻巡洋舰

　　"特立尼达"号轻巡洋舰是英国皇家海军11艘"斐济"级轻巡洋舰之中的一员，于1940年3月21日下水，此时距离第二次世界大战爆发已经有6个多月。它在英国皇家海军中的服役经历颇富传奇色彩。

　　1942年3月29日，正当"特立尼达"号引导着一支护航运输队在北极海域行进时，突然与德国海军3艘驱逐舰发生遭遇。在暴风雪中的一阵混战之后，"特立尼达"号将德国Z-26号驱逐舰击伤，使其动弹不得。紧接着，它射出数枚鱼雷准备将Z-26号彻底干掉，但其中一枚鱼雷由于失去控制，反而将自身击伤。这时，德国U-585号潜艇冲上前来试图对它发起攻击，但被及时赶到的英国"狂暴"号驱逐舰击沉。"特立尼达"号步履维艰地驶入苏联摩尔曼斯克港口。

　　在摩尔曼斯克进行紧急维修后，"特立尼达"号与另外4艘驱逐舰一起向着熊岛以西某海域进发，准备与英国皇家海军其他战舰会合。出发前，苏联方面承诺将出动远程战斗机为其护航，但最终只出动了寥寥数架。第二天，"特立尼达"号及其护航舰艇不幸被德军侦察机发现，随后便遭到了鱼雷轰炸机和俯冲轰炸机的攻击。在战斗中，"特立尼达"号的舰体中部被"容克尔"88型轰炸机投掷的航空炸弹击中，大火随即熊熊燃烧起来，甲板上浓烟滚滚。在此情况下，英军指挥官不得不下令舰员弃舰逃生，并命令驱逐舰"无敌"号将其击沉。

"特立尼达"号

舰型：轻巡洋舰　　舰长：169.19米　　舰宽：18.9米　　吃水：5.79米
标准排水量：9042吨　　满载排水量：10897吨　　动力装置：蒸汽涡轮机
防护装甲：88.9毫米　　甲板装甲：50.8毫米　　炮塔装甲：50.8毫米
主战火力：12门6英寸主炮，8门4英寸副炮　　防空火力：8门2磅高射炮
舰载飞机：2架　　舰员编制：730人　　下水日期：1940年3月　　航速：32节

"前卫"号战列舰

1944年11月30日，英国皇家海军最后一艘战列舰"前卫"号下水。它实质上属于"英王乔治五世"级战列舰的放大版，拥有一个很长的可配置4座双联装炮塔的舰体。在当时看来，它显然无法赶在欧洲战争结束前完工（事实上，直到1946年4月它才真正建成），但英国皇家海军考虑到对日战争有可能拖延，于是决定将工程继续进行下去，一旦建成便投入太平洋战场与日军作战。为了加快工程进度，"前卫"号在建造过程中采取了一些捷径，例如直接使用从"勇敢"号和"光荣"号战列舰（被改装成航空母舰）上拆下来的380毫米口径双联装舰炮。即便如此，它在建造进程中还是进行了大量的现代化改进，这就不可避免地造成了工程延期。

"前卫"号

舰型：战列舰　　舰长：243.84米　　舰宽：32.91米　　吃水：9.22米

标准排水量：45212吨　　满载排水量：52243吨　　动力装置：蒸汽涡轮机

防护装甲：406.4毫米　　甲板装甲：152.4毫米　　炮塔装甲：381毫米

主战火力：8门15英寸主炮，16门5.25英寸副炮　　防空火力：71门40毫米高射炮

舰载飞机：无　　舰员编制：2000人　　下水日期：1944年11月　　航速：29.5节

上图：英国皇家海军正在给战列舰装载16英寸口径炮弹。

　　当"前卫"号最终服役时，它所拥有的防空火力——71门40毫米口径高射炮——在英国皇家海军所有战舰之中首屈一指，这是因为英国皇家海军开始将空中威胁视为心腹大患。1947年，英国皇室成员乘坐"前卫"号前往南非进行国事访问。接下来，"前卫"号进行了一次改装，并于1949—1951年在地中海服役，主要从事训练工作。紧接着，它又分别于1951年和1954年进行改装，1956年转入预备役，1960年被最终拆解。

"胜利"号舰队航空母舰

英国皇家海军"卓越"级舰队航空母舰"胜利"号参加了第二次世界大战所有战区的战斗。它和姊妹舰与以往老式航母的最大区别在于安装了装甲机库，这种设计尽管减少了可搭载的飞机数量，却极大地提高了航母的抗杀伤能力。

"胜利"号于1939年9月14日下水，1941年5月建成，仅仅数天之后便参加了围歼德国海军战列舰"俾斯麦"号的战斗。1941年8月，它在惨烈的"支座作战"中充当了非常重要的角色，多次向驻守马耳他岛的盟军部队输送飞机和物资补给。1942—1943年，它奉命前往北极海域执行运输队护航任务。接下来，它数次出动舰载机攻击游弋在北极海域和挪威海域的"北方孤狼"——德国海军"提尔皮茨"号战列舰。

1944年，"胜利"号奉命前往印度洋执行作战任务，多次出动舰载机攻击设在巨港（印度尼西亚苏门答腊岛东南部港市）和沙璜（印度尼西亚西部港市）的日军炼油厂。1945年1月，它进入太平洋海域对日军作战，参加了极为惨烈的

"胜利"号

舰型：舰队航空母舰　　舰长：243.84米　　舰宽：28.88米　　吃水：8.3米
标准排水量：22709吨　　满载排水量：28593吨　　动力装置：蒸汽涡轮机
防护装甲：101.6毫米　　甲板装甲：76.2毫米　　炮塔装甲：Ｎ／Ａ　　主战火力：无
防空火力：8门4.5英寸高射炮，16门2磅高射炮　　舰载飞机：50架　　舰员编制：900人
下水日期：1939年9月　　航速：31节

冲绳海战。战后，它在英国皇家海军继续服役数年之久，于1950—1957年进行了一次彻底的重建。1967年11月，"胜利"号在朴次茅斯造船厂进行改装时发生大火。由于受损严重，英国政府在1969年决定将其最终拆解。

上图："卓越"级可能是第二次世界大战时最坚固的航空母舰了，其厚重的装甲能够抵挡重型轰炸，但在获取这种防护能力的同时，它们不得不大幅减少舰载机的数量。

"厌战"号战列舰

在英国皇家海军的战舰行列之中曾经有过这样一艘战舰，它所参加的战斗比其他任何一艘战舰都要多，所享有的荣誉比其他任何一艘战舰都要高，它就是战功赫赫的"伊丽莎白女王"级无畏舰"厌战"号。

1913年11月26日，"厌战"号下水，1915年3月建成服役，紧接着便于次年参加了著名的日德兰大海战，在战斗中负伤多处负伤。在第一次世界大战结束

"厌战"号

舰型：战列舰　　舰长：196.74米　　舰宽：31.7米　　吃水：10.05米
标准排水量：31816吨　　满载排水量：37037吨　　动力装置：蒸汽涡轮机
防护装甲：330.2毫米　　甲板装甲：76.2毫米　　炮塔装甲：330.2毫米
主战火力：8门15英寸主炮，12门6英寸副炮　　防空火力：8门4.5英寸高射炮，32门2磅高射炮
舰载飞机：3架　　舰员编制：1200人　　下水日期：1913年11月　　航速：25节

到第二次世界大战爆发之前这段时间，它进行了大规模的维修和重建。1940年4月，它参加了挪威海域的作战行动。

　　同年晚些时候，"厌战"号进入地中海执行对岸炮击任务。1941年3月，马塔潘角海战爆发，它和姊妹舰"勇敢"号并肩作战，击沉了意大利海军重巡洋舰"扎拉"号和"阜姆"号。然而，就在同年5月，它在克里特岛附近海域遭到德国空军飞机的重创。1943年，"厌战"号再次返回前线，先后掩护盟军部队在西西里岛和萨莱诺港登陆，但在萨莱诺战役中被德国空军投掷的滑翔炸弹击成重伤。在进行部分维修之后，它再次返回战场。1944年6月6日，盟军发起诺曼底登陆战役，"厌战"号在战斗中执行对岸炮击任务，掩护盟军部队抢滩登陆。

　　同年6月13日，"厌战"号在英国哈里奇附近水域触雷负伤，从此结束了它漫长而又辉煌的戎马生涯。1947年4月23日，它在前往拆船厂的途中在康沃尔郡芒特湾搁浅，这一意外仿佛是这位壮心不已的老战士的一种最后的抗议。

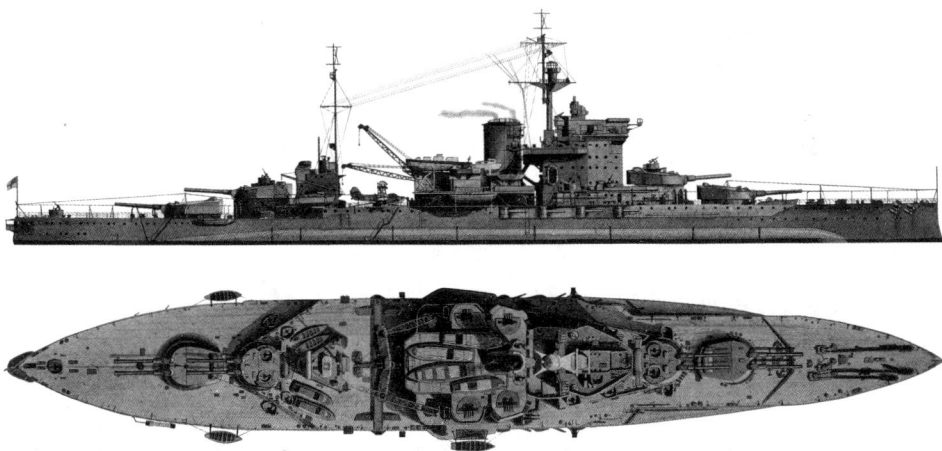

上图：从1916年的日德兰海战到1943年9月的萨莱诺登陆战役，英国皇家海军"无畏"级战列舰"厌战"号历经了漫长的服役生涯。

"鹰"号舰队航空母舰

第一次世界大战前夕，智利向英国阿姆斯特朗埃尔斯威克造船厂定购了两艘加长的"铁公爵"级战列舰。然而，其中只有"海军上将拉托·雷"号于1914年8月按照战列舰规格得到良好改进，在1915年建成时被英国海军部强行购买，编入英国皇家海军，命名为"加拿大"号。其未下水的姊妹舰"海军上将科克伦"号（1913年开工建造）因两国之间的矛盾中途停工，鉴于该舰已经开始建造，英国人于是将其改建成为航空母舰，命名为"鹰"号。和"竞技神"号航空母舰一样，由于"鹰"号建成的时间太晚，未能参加第一次世界大战。1918年6月，"鹰"号下水，1920年编入现役进行试航。

在英国皇家海军"百眼巨人"号航空母舰尝试建造岛形上层建筑后，"鹰"号也开始尝试岛形上层建筑的几种形式，这一努力使得它在1920—1923年

"鹰"号航空母舰

排水量：标准排水量22600吨；满载排水量26500吨
舰船尺寸：长203.3米；宽32.1米；吃水7.3米
动力装置：4轴驱动，蒸汽涡轮机，动力36775千瓦　　航速：24节
防护装甲厚度：吃水线以下的装甲带102~178毫米；飞行甲板25毫米；机库甲板102毫米，护板25毫米
武器装备：9座152毫米火炮，4座102毫米高射炮，8座2磅高射炮　　舰载机：21架
编制人数：除航空人员外共计750名

下图：英国皇家海军"鹰"号航空母舰在服役生涯的大部分时间内驻扎在远东地区，1940年春季返回地中海。最终在阿尔及利北部被德国U型潜艇击沉，舰上260人丧生。

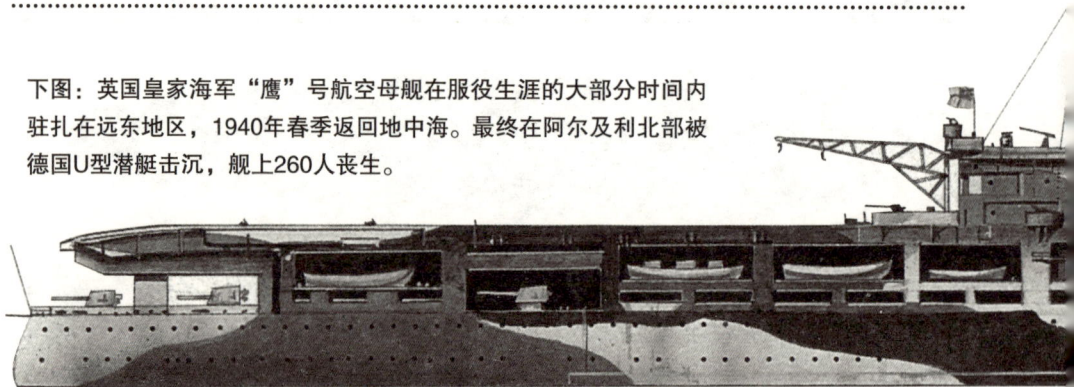

的大部分时间内一直停留在造船厂，而"竞技神"号此时已经开始服役。"鹰"号最后建成的岛形上层建筑较长且偏矮，两座烟囱保持了与以往姊妹舰同等的比例。该舰由于从战列舰改装而来，其航速远远低于大型巡洋舰，但具备较好的稳定性。"鹰"号虽然引入了双层机库，但实际上只有搭载一层飞机的能力。

　　"鹰"号航空母舰第二次世界大战前的大部分服役区域是在远东，1939年9月驶入印度洋，后来到达地中海，替换英国皇家海军"光荣"号航空母舰。在利比亚的托布鲁克空袭意大利舰船后，"鹰"号在意大利卡拉布里亚外海的战斗中遭炸弹重创，最终未能参加塔兰托袭击战。在返回英国进行改装前，"鹰"号在红海和南大西洋又参加了更多的战事。1942年年初，"鹰"号返回地中海，参加了著名的"八月护航（'支座'行动）"。1942年8月11日，"鹰"号遭受灭顶之灾，被德国海军U–73号潜艇发射的4枚鱼雷击沉。

下图：1942年3月，英国皇家海军"鹰"号航空母舰共向马耳他输送了3个波次共计31架"喷火"5型战斗机。在同年8月的"支座"行动中，"鹰"号被德军炸沉。

"勇敢"级航空母舰

··

　　"勇敢"号和"光荣"号（分别于1915年3月和5月开工建造，1916年2月和4月下水）在1917年1月同时开始服役，后来证明这种舰只在实战中难以使用，仅76毫米厚的装甲防护带无法提供最基本的防御能力，主炮只是两座双联装381毫米火炮，瞄准速度慢；副炮是6座3联装4英寸口径火炮。

　　虽然缺乏武器装备和防护能力，但这两艘舰的航速可达32节，动力装置是18台"亚罗"燃油锅炉，4轴驱动，输出功率66195千瓦。根据《华盛顿海军条约》，"勇敢"号和"光荣"号被允许改造成航空母舰。重建工作在1924年展开，并分别于1928年和1930年建造完工。它们的半姊妹舰"暴怒"号建成时装备两座单管457毫米火炮，而不是4座15英寸口径火炮。在1922年的改造中，"暴

··

"勇敢"级航空母舰

排水量：标准排水量22500吨；满载排水量26500吨
尺寸：长239.5米；宽27.6米；吃水7.3米
动力装置：四轴驱动，蒸汽涡轮机动力66195千瓦　　航速：30节
防护装甲厚度：吃水线以下的装甲带38~76毫米；机库甲板25~76毫米
武器装备：16座120毫米高射炮，4座2-pdr 高射炮　　舰载机：约48架
编制人数：包括航空人员在内共计1215名

上图：如同"暴怒"号一样，"勇敢"号和"光荣"号航空母舰的前身也属于轻型战列巡洋舰（轻型装甲炮舰），它们是费舍尔海军上将所构想的拙劣的波罗的海战略的产物。这是"光荣"号于1917年进行海上试航时的图片。"光荣"号的航速高达32节，但由于装甲防护的短缺，不宜于进行激烈的交战。

怒"号采用了同样的建造模板，包括没有岛形上层建筑，锅炉上风口从机库空间移出导向舰尾。后两项改造对于"竞技神"号和"鹰"号航空母舰的发展起到了帮助，它们联接的烟囱和舰桥结构对于推动航空力量的发展具有很大的影响。

　　"勇敢"号和"光荣"号都有相似的前飞行甲板，从舰首向后延伸到舰长的20%处截止。机库甲板在前甲板的水平位置向前延伸，便于小型和轻型飞机

下图：英国的"勇敢"级航空母舰"勇敢"号和"光荣"号的舰载机大队包括16架"捕蝇器"战斗机、16架侦察机和16架"鲨鱼"鱼雷轰炸机。

（舰载战斗机）在合适条件下从低空起飞。这两舰极大地增强了稳定性。1935—1936年，前飞行甲板被拆除，主飞行甲板两侧加装了弹射器，能够将3636千克重的飞机以56节的航速弹射起飞，或者将重4545千克的飞机以52节的速度弹射起飞。每艘舰上都有2条长167.68米的机库甲板，机库和飞行甲板间由2台中央升降机连接，每台升降机长14.02米，宽14.63米。每艘舰上的飞机燃料贮藏舱可储备156835升燃油。

"勇敢"号是英国皇家海军在第二次世界大战中损失的第一艘航空母舰，1939年9月，仅在开战两个星期后就被击沉了。"勇敢"号沉没后，"光荣"号从地中海调回本土舰队进行替代，但仅仅9个月后的1940年6月，该舰在从挪威海域撤退的途中也被击沉了。

上图：与"勇敢"号航空母舰相比，"光荣"号更显著的特征是其更长的舰尾飞行甲板。其舰载机在1940年的挪威上空进行了出色的作战，但在撤退途中遭遇德国"格奈森瑙"号和"沙恩霍斯特"号战列巡洋舰，被其舰炮击沉。

"卓越"级航空母舰

　　"皇家方舟"号更像是一艘英国皇家海军航空母舰的原型舰，它将航速和日益提升的作战能力和防护能力综合起来。在它下水的时候，4艘"卓越"级航空母舰也在1937年为应对日趋紧张的局势而开工。因此，"皇家方舟"号的经验并没有对后一种型号的航空母舰的建造产生什么影响。"皇家方舟"号在机库的水平和垂直舱壁上加装了114毫米厚的防护钢板，这样一来，容易遭受攻击的飞机

上图：尽管防护装甲要比姊妹舰相对轻薄，但"不屈"号却承受了很多打击。在"支座行动"中，它在遭到2枚500千克炸弹重创之后幸存下来，1943年在西西里岛外海躲避了一枚鱼雷的袭击，在远东海域躲过几次"神风"战斗机的攻击。

"卓越"级航空母舰

类型：舰队航空母舰

排水量：标准排水量23000吨；满载排水量25500吨

尺寸：长229.7米；宽29.2米；吃水7.3米

动力装置：三轴驱动，蒸汽涡轮机，输出功率80905千瓦　　　**航速**：31节

防护装甲厚度：除了"不屈"号是38毫米外，其他该级舰吃水线以下装防护带和机库装甲
　　　　　　　　板均为114毫米；甲板76毫米

武器装备：8座双联装114毫米高炮，6座8倍口径2-pdr 高射炮，8座20毫米高射炮

舰载机：除了"不屈"号约65架外，该级其他舰约为45架

编制人数：包括航空人员在内1400名

停放舱就变成了一个装甲"盒子"。但由于装甲重量的限制，它只能安装一层机库。所以，"卓越"号、"胜利"号和"可畏"号在1939年下水时，都不比"皇家方舟"号小多少，但舰载机数量却要少出很多。"不屈"号于1940年下水，是"卓越"级的最后一艘舰，它和随后建造的两艘"不惧"级舰，都以轻型装甲防护为主，多了一座下层机库。

"卓越"级航空母舰具有强大的战斗力，当它们开始投入战场时，战争的焦点已经从反潜作战转为防空作战。在塔兰托湾海战后不久，"卓越"号有幸躲过了一次由俯冲轰炸机发起的猛烈进攻。同样的一幕又在马塔潘角海战后的"可畏"号航空母舰身上重演。太平洋海战期间，它们之中的大多数经受了日本"神风"特攻队发起的一次甚至两次的猛烈攻击，而没有退出战场，这主要归功于它们的水平防护装甲。相比之下，这些战舰的垂直防护装甲在战争中的表现却不尽如人意。

4艘"卓越"级航空母舰分别于1956年、1969年、1955年和1963年被拆解。

上图："卓越"号航空母舰于1940年8月编入舰队赴地中海作战，其舰载航空大队击沉两艘意大利驱逐舰。此外，"卓越"号还参加了支援北非的战役。

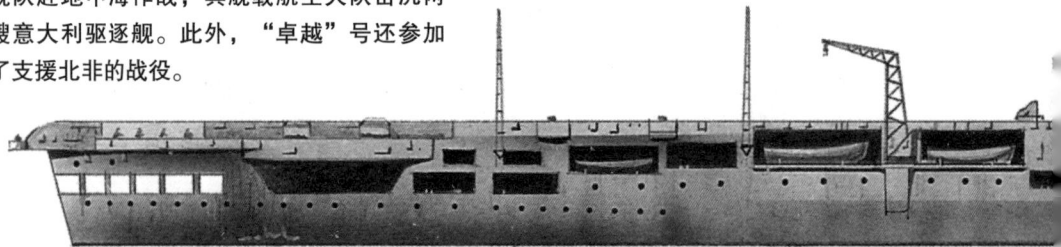

上图：从英国皇家海军战列舰"厌战"号上看到的"可畏"号航空母舰，后者参加了地中海上的大多数海战。1941年3月28日，"可畏"号上的舰载机在对意大利舰队的一次攻击中，重创了意大利巡洋舰"维托利奥·威内托"号，削弱了巡洋舰"波拉"号的战斗力，后者随后沉没。

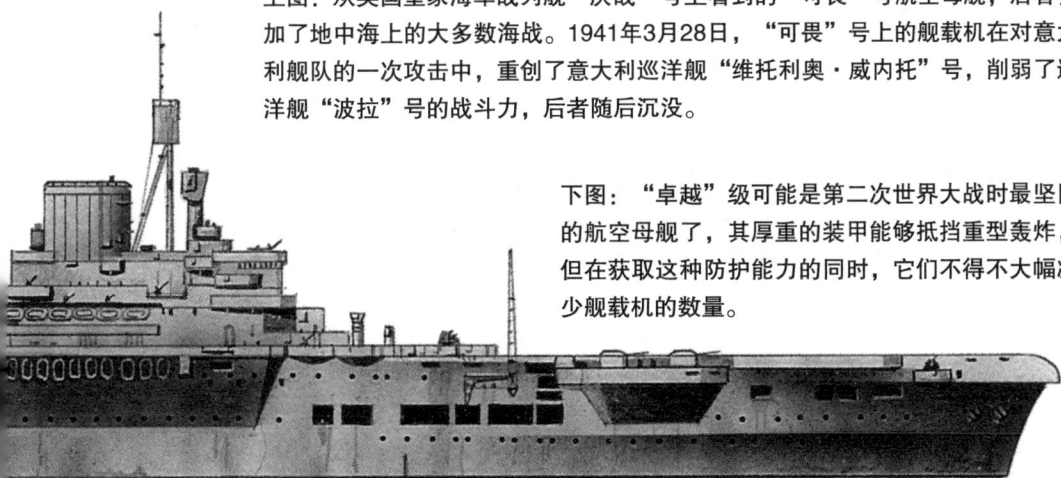

下图："卓越"级可能是第二次世界大战时最坚固的航空母舰了，其厚重的装甲能够抵挡重型轰炸，但在获取这种防护能力的同时，它们不得不大幅减少舰载机的数量。

"不惧"级航空母舰

4艘"卓越"级航空母舰建成大约30个月后，两艘"不惧"级航空母舰也相继完工，它们与原型舰"皇家方舟"号极为相似，机库侧壁装甲减薄为38毫米（1.5英寸），节省下来的排水量可以用来增加舰船的其他重要设施，其中包括非常重要的下机库。该级舰相对稍长一些，但比它们的半姊妹舰看起来体积大出很多，它们的大型船体内安装了第四套动力推进装置，这为它们提供了超常的速度，使其在太平洋战争中可以赶上美国的"埃塞克斯"级航空母舰。当然，它们在舰船尺寸和舰载机能力上相对较小。

"不惧"号和"不倦"号于1939年开工建造，在1942年12月才同时下水，分别于1944年8月和5月建造完工。它们的工期一再延迟，主要是由于造船厂的优先建造项目一再发生改变所致，因此在最需要航空母舰的时刻它们尚未竣工。一旦完工之后，这两艘航母均在较短时间内加入了战斗。"不倦"号参加了在挪威海域进行的围歼德国海军"俾斯麦"号战列舰的战斗，重创该舰并使其陷入长期维修状态。然而，当时的舰载机仍是航空母舰上最薄弱的战斗环节，直到后来被更先进的机型代替。1944年3月，一架德·哈维兰公司生产的"蚊"式双发动机轰炸机首次降落在"不倦"号的甲板上。作为新舰的"不倦"号很快投入东部战场，编入迅速扩大的英国太平洋舰队。该级航空母舰抵达战区以后，成为英国太平洋舰队进攻力量的主力，参加已经注定胜局的战争。当然，在这些战争中，英国人的到来并不是处处

左图：图中所示的"不惧"号正通过苏伊士运河，它将加入日益壮大的英国皇家海军太平洋舰队，参加对日本的最后反击作战。

"不惧"级航空母舰

类型：舰队航空母舰

排水量：标准排水量26000吨；满载排水量31100吨

尺寸：长233.4米；宽29.2米；吃水7.9米

动力装置：四轴驱动，蒸汽涡轮机，输出功率82027千瓦　　　**航速：**32.5节

防护装甲厚度：吃水线以下装甲带114毫米；机库装甲板38毫米；甲板76毫米；甲板76毫米

武器装备：8座双联装114毫米高炮，6座8联装2磅高射炮，38座20毫米口径高射机枪

舰载机：约70架　　　**编制人数：**包括航空人员在内1800名

受到欢迎。

第二次世界大战后，该级舰主要执行训练任务，并于1955年和1956年相继退役。这主要是出于英国官方的决定，认为重建这些舰船的巨大开支不如全部用来制造"胜利"号航空母舰。

"不惧"级航空母舰飞行甲板的有效长度是231.7米，安装在满载吃水线以上15.2米处。飞行甲板前端只装有1部飞机弹射器，两台飞机起重机将飞机提升到起飞高度，而后由弹射器将7258千克重的飞机以66节的速度从弹射器上弹射起飞，或将重9072千克的飞机以56节的速度弹射起飞。每台起重机可吊起9072千克重的飞机，前一部起重机长13.72米，宽10.06米；后一部起重机长13.72米，宽6.71米。舰上有两层机库，下层机库在舰尾，长63.4米，宽18.9米，高4.27米。上层机库与下层机库拥有相同的宽度和高度，但要长139.6米。机库高度太低了，无法搭载先进的"海盗"多用途战斗机。该级舰的另一个不足之处在于飞机燃料舱：仅可装载430280升的燃油。

右图："不惧"级比"卓越"级航空母舰的航速快、载机量大，图中是它在1945年返航澳大利亚悉尼时的场景。

"百眼巨人"号航空母舰

建造一艘具有全通式飞行甲板的航空母舰，以便进行战斗机的起飞和回收，这个建议在第一次世界大战前就被提了出来，但当时的英国皇家海军必须凑合着使用临时性的水上飞机母舰。直到1916年，比尔德莫尔商业造船厂才接到合同，将未完成的一艘意大利客轮作为航空母舰进行改建。这艘原名"卡吉士"号的意大利客轮在1914年开工建造，具备了改建为航空母舰的适当尺寸，加上其高高的干舷成为航空母舰的必需条件。1917年12月底，"百眼巨人"号水上飞机母舰正式下水。最初，设计师们打算在航空母舰中线上建一个烟囱将前后甲板分隔开，但他们吸取了"暴怒"号的教训，在"百眼巨人"号上建了一个平甲板，这样，烟就从通向船尾甲板下面的管道中释放出去。这一系列的改造花了许多时间，直至1918年9月，"百眼巨人"号航空母舰才正式编入舰队服役。

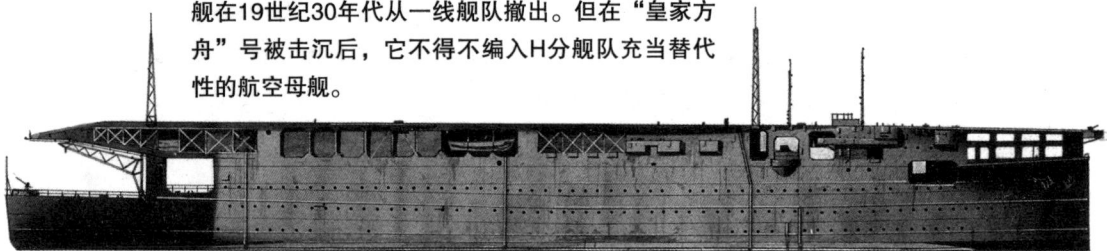

下图：因为速度慢的缺陷，"百眼巨人"号航空母舰在19世纪30年代从一线舰队撤出。但在"皇家方舟"号被击沉后，它不得不编入H分舰队充当替代性的航空母舰。

"百眼巨人"号航空母舰

类型： 训练、飞机护送和第二线航空母舰
排水量： 标准排水量14000吨；满载排水量15750吨
尺寸： 长172.2米；宽20.7米；吃水7.3米
动力装置： 四轴驱动蒸汽涡轮机，输出功率15446千瓦航速：20.5节　　**防护装甲：** 无
武器装备： 6座102毫米高射炮，几座小口径火炮，38座20毫米高射炮
舰载机： 约20架　　**编制人数：** 除船员外370名

上图：1942年11月，"百眼巨人"号航空母舰航行在北非海岸。它参加了"火炬行动"，到1943年它转入训练用航空母舰的行列。

从"百眼巨人"号的名字（在希腊神话中百眼巨人是一个长着100双眼睛可以洞悉一切的巨人）可以看出，英国人意图将其设计为可以执行侦察任务的航空母舰。对于英国人而言，这种能力在战争中非常重要。"百眼巨人"号在1918年11月停战前几周才编入海军战斗序列，仅上载了一支普通的索普威思"杜鹃"式鱼雷机中队。

20世纪20年代，"百眼巨人"号一直忙于提高稳定性和防御鱼雷攻击。在更大型的舰队航空母舰建成之后，它开始担任训练舰和靶舰，1939年它再次服现役。

与第二次世界大战时的航空母舰规模相比，"百眼巨人"号舰体小，航速慢，但它在运载战斗机到直布罗陀、马耳他和塔科腊迪（到达埃及的前站）的行动中做出了重大贡献。虽然缺乏舰载机，但它有时也参加作战行动，著名的战斗有北极护送和北非登陆。1943年中期后，它只在本土执行训练任务，1944年转入预备役，1947年被拆解。

右图：第一次世界大战结束后的5年内，"百眼巨人"号作为唯一一艘真正的航空母舰服役，它在航空母舰发展史上拥有举足轻重的地位。